Florian Schuhmacher

Mythos Assessment Center

Florian Schuhmacher

Mythos Assessment Center

Risikomanagement bei Personalentscheidungen und Leitfaden zur Anwendung

GABLER

Bibliografische Information der Deutschen Nationalbibliothek
Die Deutsche Nationalbibliothek verzeichnet diese Publikation in der Deutschen Nationalbibliografie; detaillierte bibliografische Daten sind im Internet über <http://dnb.d-nb.de> abrufbar.

1. Auflage 2009

Lektorat: Stefanie A. Winter

Gabler ist Teil der Fachverlagsgruppe Springer Science+Business Media.
www.gabler.de

Umschlaggestaltung: Nina Faber de.sign, Wiesbaden
Druck und buchbinderische Verarbeitung: Krips b.v., Meppel
Gedruckt auf säurefreiem und chlorfrei gebleichtem Papier.
Printed in the Netherlands

ISBN 978-3-8349-1394-4

Vorwort

Soft Skills in Berufsausbildung und Studium

DIE ZEIT titelt in ihrer Ausgabe vom 36/2008 „Jugend ohne Charakter, Die traurigen Streber“: Die Jugend hat die Herausforderung der Leistungsgesellschaft im globalen Wettbewerb angenommen. Der Preis dafür ist hoch: angepasstes Verhalten, Opportunismus, Unscheinbarkeit.

Dies ist gepaart mit den ohnehin schon existierenden (Vor-)Urteilen über die sinkende Qualifikation der heranwachsenden Erwerbsbevölkerung insbesondere in den sogenannten MINT-Fächern. Bestrebungen um den Erhalt und Ausbau unseres Bildungsniveaus gehen daher verstärkt in Richtung fachliche Bildung. Methodenkompetenz und soziale Kompetenz sowie Persönlichkeitsentwicklung sind hierbei jedoch wichtige Stichworte. Denn ohne diese ergänzenden Kompetenzen können die fachlichen Qualifikationen in immer stärker vernetzten und auf Kooperation beruhenden Produktions- und Dienstleistungsprozessen nicht erfolgreich eingebracht werden.

Zu sehr wird diese Problematik jedoch durch die laufende Bildungsdiskussion in unserer Gesellschaft verdrängt. Chancengerechtigkeit wird mehr als Ergebnisgleichheit denn als Chancengleichheit definiert. Nicht alle Menschen besitzen jedoch das gleiche Potenzial. Menschen haben im Gegenteil sehr unterschiedliche Voraussetzungen; im Sport leuchtet das jedem ein, in der Bildung nicht.

Zu sehr wird in den Schulen nach den Werthaltungen von gut, böse und gerecht, vorgegeben von altväterlicher Gesinnungsethik die Bildungsarbeit betrieben, statt Selbstverantwortung und Streben nach der Entwicklung einer eigenen und eigenständigen Persönlichkeit in den Vordergrund zu stellen.

Was fehlt, sind Ecken und Kanten, ein klares Profil, der Mut Fehler zu machen, Risiken bewusst eingehen. Im Endeffekt fehlt es an der unternehmerischen Kompetenz. Um diese Tatsachen zu kompensieren, wird in Unternehmen vielfach auf Patentrezepte vertraut, die wie „Magic Balloons“ in den Beratungshimmel aufsteigen, aber ebenso schnell auch wieder verschwunden sind. Hauptsache ein anderer trägt die Verantwortung.

Wir benötigen wieder mehr Mut für eigene Entscheidungen. Arbeit muss als Unternehmung im wahrsten Sinne des Wortes empfunden werden und eine offene Feedback-Kultur beinhalten, damit unser Kapital von morgen, unser Nachwuchs in den Bildungseinrichtungen und unsere Young-Professionals in den Unternehmen, die Möglichkeit erhalten, ihr Potenzial zu entdecken und zu entwickeln.

Wir brauchen ein bildungspolitisches und unternehmerisches Umfeld, in dem Fehler als Chancen und nicht als Versagen angesehen werden. Spielerischer Umgang mit Neuem und Kreativität in der Lösungsfindung sind hierbei zu betonen.

Es ist an der Zeit, wieder die Verantwortung für das eigene Handeln zu übernehmen und für eigene Entscheidungen und deren Konsequenzen einzustehen.

In diesem Buch schildert Florian Schuhmacher, wie Unternehmen durch ein geeignetes Risikomanagement in der Lage sind, mit Personalentscheidungen verbundene Fehler zu vermeiden. Hierbei ist der Kernpunkt die Entwicklung unternehmensspezifischer Anforderungen für die Auswahl und die starke Betonung fachübergreifender Qualifikationen der Kandidaten. Sehr eingehend wird dargelegt, dass es gerade die Fähigkeiten im Umgang mit sozialen und interkulturellen Kontexten sind, die über den Erfolg oder Misserfolg einer Personalauswahl entscheiden.

Betrachten wir Personalentscheidungen konsequent als langfristige Investitionen und nehmen diese in der Professionalität vor, wie wir es im Umgang mit Anlagegütern oder Kapitalanlagen selbstverständlich tun.

Hamburg, im Januar 2009

Professor Dr. S. G. Schoppe
Universität Hamburg

Inhaltsverzeichnis

Einleitung

Herr Lang sitzt in seinem Vorstandsbüro. Es ist später Nachmittag, die Herbstsonne scheint warm durchs Fester. Er fühlt sich nach einem hektischen, erfolgreichen Tag müde, aber dennoch zufrieden. Er blickt auf den Stapel Bewerbungsunterlagen vor ihm: alles Kandidaten, die ihm sein Personalleiter für die Position des Bereichsleiters Marketing auf den Tisch gelegt hat. Die Durchsicht der Unterlagen hat er sich extra als Feierabendlektüre aufgespart.

Er nimmt die erste Bewerbung zur Hand: „Eine dicke Akte! Ob der Kandidat wirklich alles kann, was er da behauptet? Außerdem viel zu aufwändig. Kurz und knapp, auf den Punkt, aber informativ und interessant sollte sie sein. Der Leser muss doch begeistert werden. Marketing und Langatmigkeit passen eben nicht zusammen!“

Er nimmt die zweite Bewerbung zur Hand: „Klein aber fein, kurzer Lebenslauf, nettes Anschreiben, aber sonst nichts. Keine Zeugnisse, keine Referenzen. Nun ja. Da fehlt nicht nur etwas. Sehr übersichtlich, würde man sagen.“

Er nimmt die dritte Bewerbung zur Hand: „Aufgemacht wie ein Kunstwerk, ob der beim Arbeiten zu Potte kommt, oder ist das ein Freischaffender? Wir brauchen Leute, die Ideen haben, aber zupacken müssen sie auch können, und flexibel und schnell müssen sie sein, auf sich verändernde Situationen reagieren können.“

Die vierte und fünfte Bewerbung sieht er nur flüchtig durch. Er schaut aufs Bewerbungsfoto und auf die Ausbildung. Die Unterlagen wirken sehr technisch. „Denen fehlt doch jede Kreativität, die es braucht, bei uns Marketing zu machen.“ Bei der sechsten fehlt das Bild. Er ist verwirrt. Er denkt: „Ich kann mir gar keine Vorstellung von der Person machen. Wie will der denn Marketing machen, wenn er schon hier die Grundsätze einer guten Marketingstrategie verletzt.“

In seinem Kopf bilden sich schemenhaft Beurteilungsraster: Alter, Ausbildung, Berufserfahrung, Kenntnisse, Kreativität und so weiter. Plötzlich verdichten sich seine Gedanken: „Wie war das eigentlich? Hatten wir uns konkrete Gedanken um ein Anforderungsprofil gemacht? Was war uns wirklich wichtig? Für welche konkreten Aufgaben suchen wir jemanden? Nach welchen Kriterien hat mein Personalleiter diese Kandidaten vorselektiert?“

Am nächsten Morgen ruft er seinen Personalleiter zu sich. Auf seine Fragen antwortet ihm dieser, dass sie sich natürlich ausführlich und intensiv Gedanken um die Stellenanforderungen gemacht haben. Die Anzeige sei schließlich doch zweimal überarbeitet worden, bis sie in den Druck ging.

Herr Lang betrachtet die Anzeige und findet seine Annahme bestätigt: eine Ansammlung von Superlativen hinsichtlich der Anforderungen an Bewerber und wenige Aussagen über die Schwerpunkte und konkreten inhaltlichen Erwartungen an den Kandidaten. Herr Lang stellt sich die Frage, wie er mit diesem „Anforderungsprofil" die richtige Entscheidung treffen soll. „Wie führe ich bloß die konkrete Auswahl für diese wichtige Funktion durch? Schön wäre es, wenn ich in irgendeiner Form ein Bewertungsraster hätte!"

Herr Lang nimmt die Bewerbungen wieder zur Hand. Sein Personalleiter hatte ihm, bevor er ging, noch die Information gegeben, er habe die Kandidaten geordnet. Die beiden oben liegenden Bewerbungen seien seine Favoriten. Herr Lang betrachtet die beiden Bewerbungen. „Warum sind das die Favoriten? Nicht schlecht, insbesondere die eine. Aber die zweite ist doch ein wenig dürftig. Wie kommt mein Personalleiter bei so wenig Information zu seinem Urteil? Und wie war das noch mit der dritten Bewerbung? Der Kandidat scheint doch nicht so übel zu sein. Etwas künstlerisch, aber heute bei Tage betrachtet vielleicht doch nicht so verkehrt. Kreativität ist ja wichtig, oder?"

Herr Lang erkennt schnell, dass es ihm nicht nur an einem Bewertungsraster fehlt, sondern dass er auch in seiner Einschätzung von der Bewertung seines Personalleiters abweicht. Wie soll man denn da zu einer gemeinsam getragenen Entscheidung kommen?

Wir müssen ein einheitliches Bild von unseren Anforderungen gewinnen! Hierzu sollten wir festlegen, was uns für die Besetzung der Position wichtig ist. Dann müssen wir nur noch ermitteln, ob der Kandidat diese Qualitäten auch verkörpert. Hört sich doch einfach an, oder? Er hat schon einiges gehört von Einstellungstests und Auswahlverfahren. Da gibt es die unterschiedlichsten Möglichkeiten neben dem herkömmlichen Interviewverfahren, Informationen über die Eignung der Bewerber zu erhalten. Wie sollten wir bei dieser wichtigen Funktion bloß vorgehen, um kein unnötiges Risiko einzugehen?

Mittags erhält er per Post die Ankündigung des neuesten Leitfadens zum Thema Risikomanagement bei Personalentscheidungen. Jetzt weiß er, was er tun muss. Am nächsten Tag hält er das Buch in den Händen.

Die Bedeutung des Risikomanagements bei Personalentscheidungen

Jeder Manager nimmt täglich zahlreiche Einschätzungen vor und trifft auf subjektiver Basis Entscheidungen. Auch das Handeln von Personen im betrieblichen Umfeld ist von persönlichen Vorlieben geprägt. Die dabei zugrunde liegenden Diagnose- und Entscheidungsprozesse werden häufig nicht ausreichend reflektiert und noch seltener transparent gemacht. Viele der zu treffenden Entscheidungen sind aber durchaus erfolgskritisch. Im Rahmen der Mitarbeiterführung zählen hierzu unter anderem folgende Situationen:

- Auswahlentscheidungen bei (Neu-)Einstellungen
- Auswahlentscheidungen bei innerbetrieblichen Stellenbesetzungen
- Auswahlentscheidungen für die Aufnahme in Fördermaßnahmen oder den Einstieg in Karriereentwicklungen
- Vergabe von Projekt- oder Sonderaufgaben an Mitarbeiter
- Zusammenstellung von Projektteams
- Einschätzungen von Mitarbeitern bei Vorgesetztenwechsel
- Auswahl externer Partner (Berater, Bildungseinrichtungen etc.)

Diese Auflistung unterstreicht die Häufigkeit, in der Entscheidungen über das Können und Potenzial von Mitarbeitern durch Führungskräfte getroffen werden. Aus den Entscheidungssituationen wird deren Bedeutung für das Unternehmen sichtbar. Die Auswahl von Personen für bestimmte Aufgaben entscheidet maßgeblich über den Erfolg oder den Misserfolg. **Damit haben Auswahlentscheidungen einen direkten Einfluss auf die Wertschöpfung im Unternehmen.** Je erfolgskritischer eine Entscheidung ist, umso weniger risikobehaftet sollte sie daher sein. Ein durch unprofessionelles Handeln verursachtes Risiko im Entscheidungsprozess ist nicht akzeptabel.

> „Investments, that increase productivity-related information about applicants in the hiring process will be positively related to labor productivity."[1]

1 Poole, M. (1999) Vol. II, S. 485 und S. 496

Auswahlentscheidungen beziehen sich sowohl auf die Selektion einer Person aus einer Vielzahl von Kandidaten als auch auf die Einleitung von Karriere für sogenannte Potenzialkandidaten. Eine Auswahl ist mit einer Investitionsentscheidung vergleichbar. Wie alle Investitionen sind auch Investitionen in das Humankapital mit Risiken für alle Beteiligten verbunden. Nicht anforderungsgerechte Entscheidungen können Folgekosten in erheblichem Ausmaß verursachen und die „Investition in die Zukunft" scheitern lassen. Diese Tatsache reicht im besten Fall von zeitweise geringerer Produktivität bis zur Entstehung von Trennungskosten und damit verbundener Nebeneffekte. Die exakte Bezifferung der „sunk costs" ist äußert schwierig.

Zusätzlich wirkende Ausstrahlungseffekte in die Organisation und das externe Umfeld können unter Umständen erheblich sein. Ursache-Wirkungs-Ketten können zwar definiert, aber in der Regel nicht klar quantifiziert werden. So führen zum Beispiel Frustrationen und damit verbundene Motivationsverluste tendenziell zur Illoyalität von Mitarbeitern, was negative Auswirkungen auf Betriebsklima und Kundenbeziehungen hat. Eine Bezifferung möglicher dadurch entgangener Aufträge oder verloren gegangener Kundenbeziehungen ist äußert schwierig. Allerdings sind die Mitarbeiter **der** ausschlaggebende Faktor bei der Gestaltung von Kundenbeziehungen.

Neben den Auswirkungen durch die Auswahl der „falschen" Person gibt es noch eine Reihe indirekter Auswirkungen bei den nicht ausgewählten Personen. Diese werden durch die fehlende Transparenz angewandter Auswahlverfahren hervorgerufen. Erwartungen von Mitarbeitern, die sich Hoffnungen auf eine Karriere machen, werden enttäuscht. Hierbei ist nicht allein entscheidend, dass diesen Mitarbeitern das angestrebte Ziel einer Karriere im eigenen Unternehmen versagt wird, sondern vielmehr die Tatsache, dass

- sie nicht einmal die Chance hatten, sich im direkten Vergleich zu präsentieren und zu beweisen;
- sie keine konkrete Rückmeldung darüber erhielten, warum nicht sie bzw. warum ein anderer ausgewählt wurde. Den Mitarbeitern wird so die Chance zur Selbstreflexion und damit zum Lernen genommen;
- mit ihnen keine Alternativen einer zukünftigen Entwicklung erörtert wurden.

Die vorgenannten Punkte unterstreichen die hohe Bedeutung, die Auswahlentscheidungen und die in diesem Zusammenhang angewandten Auswahlverfahren und -mechanismen auf den zukünftigen Erfolg eines Unternehmens haben. Sie unterstreichen aber auch das große innewohnende Risiko!

Unternehmen können zwei aufeinander aufbauende Strategien verfolgen, um eine größere Sicherheit in der Personalauswahl zu erlangen:[2]

- Durch „**extensive Search**" werden möglichst viele Quellen erschlossen, um eine größtmögliche Anzahl geeigneter Kandidaten für eine Personalauswahl zu identifizieren. Hier-

2 Poole, M. (1999), Vol. II, S. 484

durch erhöht sich für das Unternehmen die Markttransparenz und damit die Einschätzung der auf dem Markt verfügbaren Ressourcen. Dies kann für ein Benchmarking dienen.[3]

- Durch „**intensive Search**" werden für jeden Kandidaten möglichst viele Informationen gesammelt, um zu einer bestmöglichen Einschätzung zu gelangen. Hierzu eignen sich die in diesem Buch dargestellten Auswahl- und Potenzialermittlungsinstrumente.

Erstaunliches zeigt ein Blick in die Empirie. Unternehmen gehen bei ihren Auswahlentscheidungen ein nicht unerhebliches Risiko ein. Personalentscheidungen werden zwar auf Grundlage mehrerer Informationsquellen getroffen. Tabelle 1 zeigt jedoch:

- Die angewandten Methoden sind qualitativ höchst unterschiedlich.
- Die weniger wissenschaftlichen Methoden dominieren, das heißt, nach wie vor überwiegen individuell auf Erfahrungswerten und Menschenkenntnis beruhenden Ansätze.
- Die Anwendung der Auswahlverfahren unterscheidet sich bei internen und externen Bewerbern erheblich, wobei der Grad der Bedeutung der Entscheidung gleich hoch ist und der Grad der „Wissenschaftlichkeit" gleich niedrig ist.

Tabelle 1: *Die häufigsten Auswahlverfahren in Deutschland*[4]

Auswahlverfahrensweisen extern	Auswahlverfahren intern
Analyse der Bewerbungsunterlagen	Mitarbeiterbeurteilung
Zusätzlich eingeholte Referenzen	Vorschlag durch den Vorgesetzten
Strukturiertes Interview in der Personalabteilung	Interview
Unstrukturiertes Interview in der Fachabteilung	
Medizinische Begutachtung	Medizinische Begutachtung
Unstrukturiertes Interview in der Personalabteilung	
Gruppengespräche	
Strukturiertes Interview in der Fachabteilung	
Leistungstest	Probeweise Übertragung von Aufgaben der Zielposition
Arbeitsproben	Arbeitsproben
Assessment Center	Assessment Center
Intelligenztest	
Biografischer Fragebogen	
Persönlichkeitstest	Persönlichkeitstest
Grafologische Gutachten	Grafologische Gutachten

3 Zu Rekrutierungsmethoden siehe: Schuhmacher, F./Geschwill, R. (2008)

4 Studie von Schuler, H. (2007), siehe auch eingehende Analysen aus den Jahren 2006 und 2007: Schuler, H. u. a. (2006), Schuler, H. u. a. (2007)

Die Mehrzahl der Verfahren zielt darauf ab, aus der Historie eines Kandidaten eine Erfolgsprognose abzuleiten. Aber können sie dem Anspruch einer Prognose mit hoher Güte gerecht werden?

Ein aktueller Ansatz, den derzeit in deutschen Unternehmen angewandten Auswahlprozess zu beschreiben und zu bewerten, findet sich bei Kleebaur.[5] Hiernach erfolgt die Personalauswahl in mehreren Stufen:

- Ermittlung freier Stellen anhand einer Bedarfsanalyse durch den Personalbereich
- Erstellung eines Anforderungsprofils in Zusammenarbeit mit dem Fachbereich
- Festlegung der Rekrutierungsstrategie (interne oder externe Rekrutierung)
- Initiierung der Personalsuche und des Personalmarketings
- Vorauswahl eingehender Bewerbungen – meist anhand einer Analyse der Bewerbungsunterlagen durch die Personalabteilung
- Ein bis zwei Bewerbungsinterviews mit Vertretern aus Personal- und Fachabteilung
- Gemeinsame Entscheidungsfindung
- Vertragsangebot bzw. -verhandlung mit dem Bewerber

Was auf den ersten Blick sehr plausibel und professionell im Sinne einer abgesicherten Auswahlentscheidung aussieht, wirft auf den zweiten Blick Fragen auf. Nur Unternehmen mit mehr als 500 Mitarbeitern wurden betrachtet. Die Qualität und Ausgestaltung der Selektionsprozesse auf den einzelnen Stufen differierten erheblich.

Bereits im Jahre 2002 wurde auf Initiative des BDP (Berufsverband der Psychologen) die DIN 33430 2002 verabschiedet. Sie beschreibt die Vorgehensweise während

- der Planung von berufsbezogenen Eignungsbeurteilungen,
- der Auswahl, Zusammenstellung, Durchführung und Auswertung von Verfahren sowie
- der Interpretation der Verfahrensergebnisse und die Urteilsbildung.

Darüber hinaus werden noch Anforderungen an die Qualifikation der an dem Beurteilungsprozess beteiligten Personen aufgestellt.

Nicht nur in Deutschland hat in diesem Zusammenhang eine Standardisierung stattgefunden. Vergleichbare Formulierungen lassen sich in den Richtlinien der ITC/International Test Commission und der EFPA/Federation of Psychologists' Associations finden.

5 Kleebaur, C. (2007)

In Deutschland ist deren Verbreitungsgrad und Akzeptanz in der Praxis jedoch gering. Nach einem von Michalke, S., Peper, M. & Reimann, G. in der Zeitschrift für Personalpsychologie im Jahre 2007 veröffentlichten Beitrag wird die DIN 33430 nur bei 9 Prozent aller Unternehmen bei der Gestaltung diagnostischer Prozesse berücksichtigt.[6]

Aus eigener Erfahrung können folgende Aussagen getroffen werden:

- Größere Unternehmen betreiben tendenziell eine professionellere Personalauswahl als kleinere. Bemerkenswert hierbei ist, das größere Unternehmen mehr Ressourcen für die Auswahl pro Stelle aufwenden, also mehr Kandidaten sichten. Kleinere Unternehmen hingegen verwenden mehr Ressourcen für die Suche und nehmen jedoch weniger Kandidaten in den konkreten Selektionsprozess auf.[7]
- Konzerngebundene Unternehmen haben mehr Know-how und damit auch eine höhere Professionalität als konzernungebundene Unternehmen gleicher Größenordnung.
- In patriarchalisch geführten Unternehmen, zumeist Familienunternehmen, werden Personalentscheidungen in der Regel von einer Person, dem Unternehmer selbst, getroffen, in Kapitalgesellschaften hingegen tendenziell durch den Vorgesetzten der jeweiligen Fachabteilung in Zusammenarbeit mit der Personalabteilung.
- Die eingesetzten Auswahlinstrumente sind stark abhängig von der Position und ihrer hierarchischen Einbindung in eine Organisation.

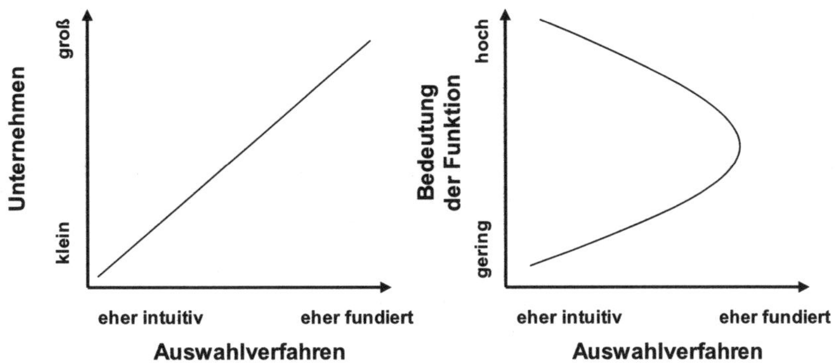

Abbildung 1: *Güte eingesetzter Auswahlverfahren*

6 Reimann, G., Frenzel, T., Michalke, S. & Peper, M. Verbreitung und Akzeptanz der DIN 33430 - Eine Stellungnahme. Zeitschrift für Personalpsychologie 2007.

7 A./Freitag, M. (Hrsg.) (2007), S. 326

In der Praxis werden Auswahlentscheidungen neben der Beachtung von Erfahrungen und Kenntnissen und dem Einsatz professioneller Instrumente auch aus dem Bauch heraus bzw. intuitiv gefällt. Hierbei kann die Intuition folgende Ausprägungen annehmen.

Tabelle 2: *Formen der Intuition*[8]

Intellektuelle Intuition	
Intuitive Entdeckung	Intuitive Entdeckungen oder Eingebungen sind meist das Ergebnis langer bewusster und auch unbewusster Problemlösungsphasen. Beispiel: Das Aha-Erlebnis bei einer Suche nach einer Lösung als zufälliger Denkprozess.
Kreative Intuition	Die Entscheidung wird nicht auf Basis verifizierbarer Informationen getroffen. Es werden Alternativen, Optionen und Möglichkeiten in die Entscheidungsfindung einbezogen, ohne diese wirklich zu bewerten. Beispiel: Unstrukturiertes Interview, bei dem man sich von den jeweiligen Themen des Gespräches leiten lässt.
Intuitive Wertung	Am Ende eines Entscheidungsprozesses sind kardinale Bewertungen abzugeben („Noten sind zu vergeben"), auch wenn man dazu noch nicht bereit ist. Beispiel: Einschätzung einer Person nach Ablauf des Beurteilungszeitraums.
Sinnlich mystische Intuition	
Körperliche Intuition	Das sogenannte Bauchgefühl oder andere körperliche Reaktionen gegenüber Personen, Entscheidungen, Situationen, ohne dass dieses klar ausgedrückt und begründet werden könnte.
Emotionale Intuition	Das gefühlsmäßige Un- oder Wohlbehagen gegenüber Personen, Entscheidungen, Situationen, ohne dass dieses klar ausgedrückt und begründet werden könnte. Beispiel: Spontane Anti- oder Sympathie.
Praktische Intuition	Durch Zufall ergibt sich eine Problemlösung. Diese hat keine eindeutige Beziehung zum Verhalten der Person. Z. B. das Problem einer Stellenbesetzung wird anderweitig gelöst.
Prognostische Intuition	Erkenntnisse, die sich auf Ereignisse in der Zukunft beziehen. Bilder vor dem geistigen Auge, wie eine Situation in der Zukunft gestaltet ist. Beispiel: Das Sehen des anderen in einer Rolle.

Die Güte von Auswahlentscheidungen auf der Basis der Intuition ist äußerst fragwürdig und riskant. Mit einem professionellen Risikomanagement hat sie nichts zu tun. Daher sind Mechanismen zu finden und Instrumente zu implementieren, die Entscheidungen auf eine sichere Basis stellen.

In zunehmendem Maße werden IT-gestützte Workflow-Systeme zur Datenerfassung und Vorselektion sowie Online-Diagnostik eingesetzt. Bei deren Einsatz findet ebenfalls eine mehrstufige Diagnostik und damit verbundene Selektion statt. Hierbei ist es von besonderer Bedeutung, die funktionsspezifischen Anforderungen im Vorfeld genau zu ermitteln und in einem Selektionsmodell zu „codieren". Der Ablauf dieser Verfahren ist folgendermaßen:

---

8 Kleebaur, C. (2007), S. 54 f.

- Beschreibung der Funktion und der Anforderungen
- Einleiten von Personalmarketingmaßnahmen zur Bewerberansprache
- Erfassen umfassender Bewerberdaten in einem Online-Erfassungssystem durch die Bewerber selber
- Durchführen einer ersten Selektion nach harten Kriterien wie z. B. Qualifikation, Branchenkenntnis (Gross Negative Disqualifiers).
- Durchführung einer zweiten Selektion der verbleibenden Bewerber mit einem Online-Testverfahren zumeist in Fragebogenform zur Ermittlung von Persönlichkeitseigenschaften
- Durchführung der dritten Selektion in einem Assessment Center oder einem persönlichen Interview zum Ermitteln von Verhalten und „Beziehungssemie"
- Treffen der Einstellungsentscheidung

Erst im Rahmen der dritten Selektion wird umfangreichere „Manpower" seitens des Unternehmens investiert. Das Massengeschäft bei Bewerbungen lässt sich somit sehr kostengünstig erledigen, vorausgesetzt, der Umfang der Bewerbungen hat eine kritische Größe erreicht bzw. überschritten, die die Investition in ein solches System rechtfertigen. Die Güte des Verfahrens hängt stark von der Codierung der Anforderungen und der Abstimmung der Online-Tests auf die Ermittlung korrespondierender Qualifikationen ab.

Andere betriebswirtschaftliche Disziplinen entwickeln für Entscheidungssituationen klare Kriterien für die Berechnung von Nutzen unter Einbeziehung von Risiko (siehe Investition, Finanzierung etc.), um der Gefahr von Fehlentscheidungen vorzubeugen. Dort wird regelmäßig das durch den Controller entwickelte „Korsett" einer Rentabilitätsrechnung, Amortisationsrechnung, Opportunitätskostenrechnung etc. akzeptiert. Anders bei Personalentscheidungen: Dort scheitert die Vorgehensweise oftmals schon an der Bereitschaft, ein dezidiertes Anforderungsprofil schriftlich zu formulieren, geschweige denn, dieses während des gesamten Auswahl- und Entscheidungsprozesses stringent einzuhalten.

Die (Weiter-)Entwicklung von standardisierten Auswahl- und Potenzialermittlungsverfahren stellt den Versuch dar, sich soweit wie möglich von subjektiven Faktoren zu trennen und einen objektiven Maßstab zu finden. Die AC-Methode ist hierbei die Form, der in diesem Buch große Aufmerksamkeit gewidmet wird.

Zielsetzung und Struktur dieses Buches

Kein personalwirtschaftliches Auswahl- bzw. Potenzialerhebungsverfahren wird so intensiv diskutiert wie das Assessment Center (AC). Häufig totgesagt und dennoch immer wieder als Heilsbringer beschworen. Die Befürworter halten es für die beste Möglichkeit einer zumindest annähernden Objektivierung von Personalentscheidungen. Die Gegner hingegen betonen den in der Regel hohen Aufwand und die geringe Aussagefähigkeit von Laborsituationen für die Praxis. Ferner sehen sie das Assessment Center als Machtinstrument, um die Herrschaft des Managements zu untermauern.[9] Wiederum andere behaupten, dass Auswahlentscheidungen auf Basis von Glückspiel in Form von Würfeln besser wären.[10]

Verfolgt man Veröffentlichungen zu diesem Thema, entwickelt sich die Frage nach dem geeigneten Instrument sehr schnell zu einer Ideologiefrage. Jeder schwört auf sein Verfahren und weiß dessen Vorteile für sich genau einzuschätzen. Gleiches gilt in der Regel für die Nachteile der anderen, nicht angewandten Verfahren. Dies ist einerseits verständlich, denn: In einem Unternehmen angewandte Instrumente müssen in die Unternehmenskultur passen und sind immer ein Abbild der **gelebten** Führungskultur. Diese wiederum ist geprägt von unternehmensspezifischen Werten, Einstellungen, die zur Abgrenzung der Organisation zu anderen Organisationen dienen. Daher sind sie vielfach ideologienah.

Andererseits ist kritisch zu hinterfragen, ob die Ablehnung „aufwändiger" Instrumente nicht auch einer gewissen „Bequemlichkeit" entspringt. Aufwändig ist hierbei gemeint im Sinne der Erarbeitung detaillierter Beschreibungen, Einhaltung definierter Prozessstandards und der damit verbundenen intensiven Auseinandersetzung mit der Materie sowie der Einengung von Freiräumen. Bequemlichkeit ist hier als eine Form der Vermeidung von Konfrontation durch Offenlegung von Entscheidungskriterien zu verstehen.

Wo standardisierte Auswahlverfahren angewandt werden, fällt bei näherer Betrachtung auf, dass der Ablauf und die Anwendung der Auswahl- und Potenzialbeurteilungssysteme oft gut dokumentiert sind, der darunterliegende theoretische Rahmen jedoch in der Regel nicht durchgängig beschrieben und noch weniger verifiziert ist. Zum Teil ist er den Personen, die diese Verfahren anwenden, auch gar nicht bekannt. Hier wird auf der Ebene von Annahmen und eigenen empirischen Erkenntnissen gearbeitet. Trotzdem wird der Anspruch postuliert, mit dem eigenen Instrument die „richtige", „wahre" Entscheidung zu treffen. Die Theorie bleibt jedoch im Verborgenen, geheimnisvoll, trügerisch, nahezu mystisch.

---

9 Kompa, A. (1999), S. 18 ff.

10 Sprenger, R. K., siehe: Probezeit für die Chefs von morgen, Die Welt, 13.09.2008, S. B4

Die AC-Methode gleicht vielfach einem Mysterium, einem Geheimnis, einer geheimen Kultur, eines nur den Eingeweihten bekannten und von diesen allein auszuübende Ritus. Es sind festgelegte Abläufe und Formalismen bei der Durchführung eines Assessment Centers zu berücksichtigen. Es kommt einer Zeremonie gleich, deren Ablauf zwingend einzuhalten ist, und nur wenige „Eingeweihte", die einem Assessment Center Leben einhauchen können.

Diess ist mit ein Grund, warum sich um die AC-Methode ein Mythos gebildet hat. Mythen sind Legenden, sagenumwobene, erfundene Erzählungen, Dichtungen. Sie haben faszinierende, aber auch bedrohliche Elemente. Es wird häufig der Anspruch erhoben, Assessment Center würden die „Wahrheit" ans Tageslicht bringen können. Beim Entscheider wird damit der Anschein einer „wahren" Entscheidung unter Sicherheit erweckt.

> „One of the most popular metaphors in social psychology over the past thirty years has been that of a person as computer. Like a computer, people input information about others, process it, and then produce some judgmental output that can take the form of an evaluation, attribution, or prediction. The metaphor has proven to be a useful one, given the voluminous research it has generated about the sophisticated (albeit imperfect) ‚software' people use to reach judgements about themselves and their social worlds."[11]

Wissenschaftlich gesicherte Erkenntnisse existieren jedoch nur für die besonderen Testsituationen, unter denen sie durchgeführt wurden. Auch unter diesen Bedingungen sind jedoch nur Entscheidungen unter statistisch nachgewiesenen Wahrscheinlichkeiten möglich. Ohne genaue Berücksichtigung der Rahmenbedingungen werden diese dann vielfach auf neue Kontexte übertragen.

So ist es nicht verwunderlich, dass die Diskussion um das Für und Wider der AC-Methode von Polarität geprägt ist. Sie erfolgt jedoch weniger inhaltlich, vielmehr werden subjektive Standpunkte ausgetauscht. Bei aller Kritik, die am Assessment Center zur Personalauswahl oder Potenzialermittlung geäußert werden kann, darf aber eines nicht außer Acht gelassen werden: Welche vergleichbaren Alternativen gibt es?

Bei einem Assessment Center wirken genau die gleichen Mechanismen, die in anderen Verfahren bei der Beobachtung und Bewertung von Personen auftreten. Allerdings gibt es plausible, für jedermann nachvollziehbare und erlernbare Techniken, dabei resultierende Fehler zu minimieren. Diese Techniken kommen in strukturierter Form zur Anwendung. Gänzlich ausgeschaltet werden können die Fehler damit jedoch nicht. Der Anspruch der „Wahrheit" sollte somit nicht erhoben werden. Aber im Gegensatz zu anderen Verfahren wird das Risiko bei Personalentscheidungen beherrschbar.

Genauso wenig stellt ein Assessment Center ein Allheilmittel für alle Auswahl- und Potenzialermittlungssituationen dar. Das Assessment Center ist eine Möglichkeit aus einem Spektrum vieler Alternativen. Andere Verfahren mögen in Teilaspekten, situationsbezogen oder zielgruppenspezifisch „besser" bzw. „geeigneter" sein, ganzheitlich betrachtet müssen diese sich jedoch auch einer Kritik unterziehen. Diese Diskussion wird in dem vorliegenden Buch wertfrei geführt.

---

11 Brewer, M.B./Hewstone, M. (Hrsg.) (2004), S. 137

Für Sie als Entscheidungsträger ist wichtig:

- ✗ Akzeptieren Sie keine Entscheidungen, die mit einem unkalkulierbaren Risiko verbunden sind.
- ✗ Treffen Sie personelle Entscheidungen mit gleicher Sorgfalt und Vorbereitung, wie Sie vergleichbare erfolgskritische und risikobehaftete Investitionsentscheidungen treffen.
- ✗ Nutzen Sie hierfür alle angebotenen Möglichkeiten, sofern deren Anwendung Ihnen einen Erkenntnisgewinn verschafft.
- ✗ Es gibt keine Personalentscheidung unter völliger Sicherheit (Validität r = 1,0).
- ✗ Alle Personalentscheidungen sind mit einem Risiko verbunden, das mit steigendem Zukunftsbezug größer wird.
- ✗ Je sorgfältiger Sie Ihre Entscheidungen treffen, umso mehr erhöht sich die Produktivität Ihres Personals.

Der Königsweg zum Erfolg liegt nicht in der Erhöhung der Komplexität durch den Einsatz noch komplexerer Verfahren. Diese schrecken Anwender häufig nur ab und fördern die Mythenbildung. In der Unternehmenspraxis eingesetzte Instrumente müssen im Gegenteil positiv für alle Beteiligten belegt sein. Sie benötigen die volle Akzeptanz im Unternehmen. Sie müssen bei professionellem Einsatz eine gute Grundlage für Personalentscheidungen liefern. Die Instrumente müssen ferner in ihrem Aufbau für den Anwender durchschaubar sowie einfach zu handhaben sein, da ansonsten deren Anwendung zu einem reinen Mechanismus verkommt. „Wir sehen zwar den Sinn nicht, aber wir müssen das so machen!“

Die Ziele des vorliegenden Buches lassen sich wie folgt darstellen:

- Es sollen alle mystisch wirkenden Elemente erläutert werden, umso den Verklärungen, die in der Diskussion um das Für und Wider eines Assessment Centers existieren, entgegenzuwirken. Das Assessment Center wird als strukturierte, prozessartige und transparente Methode dargestellt.

- Das AC-Verfahren wird als eine sinnvolle Methode der Personalauswahl und Potenzialermittlung dargestellt, die ihren wichtigen Platz im Kanon aller Methoden hat. Es wird nicht zum Allheilmittel erklärt, jedoch im Hinblick auf ein professionelles Risikomanagement beim Treffen von Personalentscheidungen im Vergleich zu anderen Verfahren hervorgehoben. Hierbei werden alle maßgeblichen Verfahren der Personalauswahl und Potenzialermittlung dargestellt und anhand festgelegter Kriterien beurteilt.

- Für die betriebliche Praxis ist der Praxisteil als Leitfaden formuliert, der es Ihnen erlaubt, schrittweise die Planung, Durchführung und Auswertung eines Assessment Centers vorzunehmen. Hierbei erhalten Sie wertvolle Tipps, um Fallstricke zu umgehen.

Das Buch umfasst drei grundlegende Teile: Theorie, Praxis und Handlungsempfehlungen. Der Theorieteil geht dem Praxisteil voraus.

Ein Verzicht auf die Theorie aus Gründen der Vereinfachung ist nicht möglich. Deren Darstellung in komprimierter, aber hinreichender Form ist erforderlich, um die erste Zielstellung des Buches zu gewährleisten und die für die Anwender und Personalentscheider maßgeblichen grundlegenden Informationen der Personaldiagnostik und insbesondere der AC-Methode bereitzustellen. Bei Auswahlentscheidungen und Potenzialermittlungen wird von den Entscheidungsträgern die Eignung einer Person diagnostiziert. Nur wenn Sie einen Einblick in die Grundlagen der Eignungsdiagnostik haben, können Sie einschätzen, ob die von Ihnen angewandte Methode für Ihre Anforderungen zielführend ist. Im Theorieteil (Teil I) werden daher Auswahl- und Potenzialermittlungsverfahren vorgestellt. Diese werden hinsichtlich Aussagefähigkeit und Aufwand kritisch diskutiert. Das Assessment Center wird in diesen Instrumentenkanon eingeordnet. Vertiefend dargestellt werden die theoretischen Hintergründe von Assessment Centern. Ebenso werden neue Trends und Weiterentwicklungen der AC-Methode angerissen.

Der Praxisteil gliedert sich in zwei Bereiche. In Teil II werden die einzelnen Schritte der Planung, Durchführung und der Auswertung von Assessment Centern ausführlich beschrieben. Gemäß einer Bauanleitung können Sie dabei vorgehen, um Ihr Assessment Center zu entwickeln. Checklisten und Formulare unterstützen Sie hierbei. Allerdings empfehle ich an dieser Stelle bereits ausdrücklich, dass Sie sich externe Expertise in das Unternehmen holen sollten, sofern Sie noch keine tiefgehende AC-Erfahrung im Unternehmen besitzen.

In Teil III werden die einzelnen Bausteine bzw. Übungen eines Assessment Centers erläutert. Hierbei werden Gestaltungshinweise für die Übungen gegeben und deren Anwendungsspektrum erläutert. Beispielhaft sind AC-Übungen zur Anregung dargestellt. Allerdings müssen Sie intensiv prüfen, ob diese Übungen in der Form in Ihrem Umfeld einsetzbar sind. Betrachten Sie diese als Beispiele, die Ihre Fantasie anregen, situationsspezifische Übungen zu erarbeiten.

In Teil IV wird das Zusammenspiel des AC-Verfahrens mit anderen Disziplinen der Personalwirtschaft dargelegt. Nur durch die Einbindung in das Human Resource Management/HRM entfaltet ein Assessment Center seine Wirkung. Ohne eine Verknüpfung würden die während des Assessment Centers ermittelten Daten ohne Wirkung verpuffen. Der ROI/Return on Investment des Verfahrens würde erheblich eingeschränkt werden.

Teil I: Theorie

1. Prognosegüte und Risiko bei Personalentscheidungen

Bei Personalentscheidungen wird ermittelt, ob die Fähigkeiten einer betreffenden Person den definierten Anforderungen entsprechen bzw. sie das Potenzial besitzt, diesen Anforderungen entsprechen zu können. Diesen Prozess nennt man **psychologische Diagnostik.** Sie ist definiert als der Einsatz festgelegter Testverfahren zur Bewertung der Fähigkeiten, Verhaltensweisen und Persönlichkeitseigenschaften von Personen.[12] Die Güte der Diagnostik ist von mehreren Parametern abhängig:

- Sind die definierten Anforderungen die richtigen Anforderungen der Stelle?
- Ist das eingesetzte Testverfahren geeignet, die definierten Anforderungskriterien zu messen?
- Ist das Testverfahren generell geeignet, um Aussagen über eine Anforderungseignung zu treffen?

Gerade an diesen Kriterien scheitern vielfach die in der betrieblichen Praxis angewandten Verfahren. Da nutzt es auch nichts, wenn ungeeignete oder falsch eingesetzte Verfahren additiv wie ein Selektionsfilter eingesetzt werden.

Ihr Anspruch als Nutzer eines Auswahlverfahrens muss es sein, mit vertretbarem Aufwand die Unsicherheiten bei Ihren Personalentscheidungen zu minimieren. Hierbei ist zu beachten, dass ein **abnehmender Grenznutzen** beim Einsatz von Instrumenten besteht. Mit zunehmendem Aufwand nehmen Informations- und Sicherheitzuwachs stetig ab. Die Grenzkosten hingegen nehmen zu. Grenznutzen und Grenzkosten sind in Ausgleich zu bringen.

In Abbildung 2 sind unterschiedliche Auswahlinstrumente hinsichtlich ihres Nutzens und ihres Aufwandes eingeordnet. Bei der Betrachtung des Aufwandes sind nur die direkten Kosten eingeflossen. Folgekosten durch fehlerhafte Auswahlentscheidungen wurden nicht betrachtet. Folgende Aussagen sind wichtig:

12 Zimbardo, P. G./Gerring, R. J. (2004), S. 399

- Kein Verfahren bietet eine 100-prozentige Sicherheit. Eine Validität von r = 1,0 wurde noch bei keinem Instrument nachgewiesen. Für Assessment Center werden Validitäten zwischen r = 0,25 bis r = 0,78 angegeben. Die gemittelte Validität liegt bei r = 0,37.[13]
- Die Verfahren wirken nicht voll additiv! Das bedeutet, dass durch Anwendung mehrerer Verfahren wie in den multimodalen Ansätzen die Aussagekraft erhöht werden kann, eine 100-prozentige Sicherheit kann aber auch dabei nicht erzeugt werden.
- Das Verhältnis von Nutzen zu Aufwand steigt an. Zum Erhalt einer gewissen „Grundsicherheit" ist ein gewisser Aufwand notwendig. Sie müssen sozusagen in Vorleistung gehen, um überhaupt eine gewisse belastbare Informationsbasis für eine Entscheidung zu haben. Das bedeutet, dass Ihr angewandtes Instrument eine gewisse Güte haben muss, damit überhaupt mit einer ansatzweisen Sicherheit Schlussfolgerungen und Aussagen möglich sind.

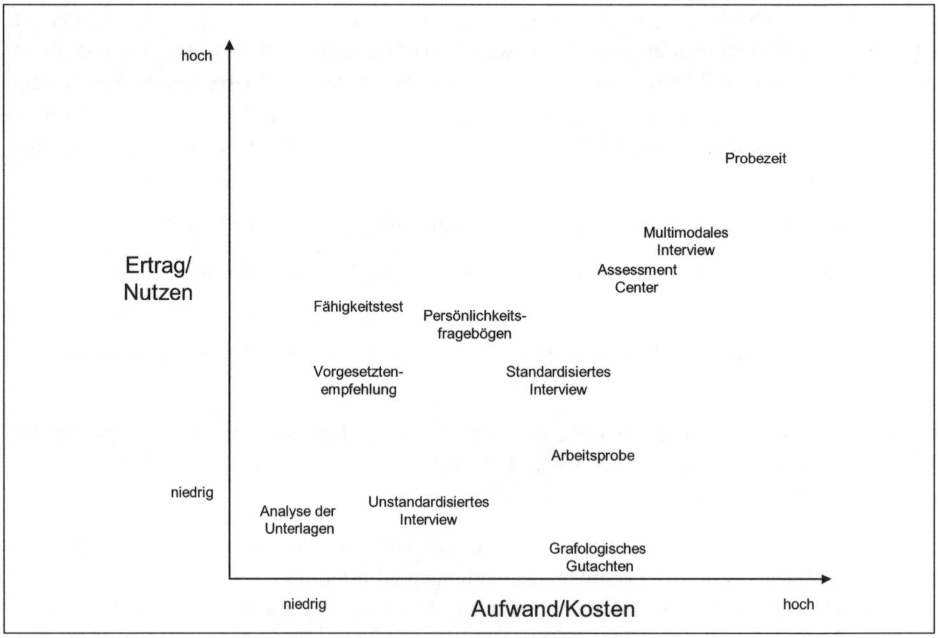

Abbildung 2: *Kosten-Nutzen-Verhältnis ausgewählter Auswahlverfahren*[14]

In Tabelle 6 ist die Güte verschiedener Auswahlinstrumente dargestellt, die in wissenschaftlichen Tests ermittelt wurde. Dort wird als Gütekriterium die Validität verwendet. Daneben muss ein Verfahren jedoch noch anderen Kriterien genügen, damit es einen Nutzen für Sie entfaltet.

13 Schuler, H. (2/2007), S. 27
14 Z. T. aus Online-Diagnostik, Best Practice: Grundlagen, Prozesse und Entscheidungskriterien, cut-e GmbH, Stand 01.04.2008, www. Cut-e.com

Zusätzlich zu einer hohen Entscheidungssicherheit muss das angewandte Verfahren praktikabel, d. h. mit geringem Aufwand anwendbar sein. Ergebnis und Mitteleinsatz müssen in einem ausgewogenen Verhältnis stehen, dann ist der Gesamtnutzen maximal. Die Güte und damit der Nutzen wird durch die Reliabilität, die Validität, die Objektivität und die Praktikabilität gemessen.

Tabelle 3: *Kriterien für die Güte von Tests*

Kriterien	Erläuterung
Reliabilität	Die Reliabilität misst die **Zuverlässigkeit** bzw. den Grad der Genauigkeit, mit der ein eingesetztes Instrument immer wieder die gleichen Ergebnisse liefert, sofern die Ausgangssituation unverändert ist.[15] Die Reliabilität eines Instrumentes ist notwendige Voraussetzung für die Validität dieses Instrumentes. Zur Bewertung der Reliabilität können drei Verfahren genutzt werden:[16] ▪ Die Retestreliabilität gibt den Grad der Übereinstimmung zweier Testungen mit denselben Teilnehmern und demselben Test an. ▪ Die Parallelreliabilität gibt den Grad der Übereinstimmung zweier gleichartiger Tests mit unterschiedlichen Teilnehmergruppen an. ▪ Die Konsistenz gibt den Grad der Übereinstimung in der Beantwortung aller Teilnehmer in einem Test an.
Validität	Die Validität gibt die **Genauigkeit** an, mit der ein Instrument die Merkmale messen kann, die gemessen werden sollen.[17] Dadurch ist eine Aussage über die Gültigkeit der gemessenen Ergebnisse möglich. Die Validität wird durch den Korrelationskoeffizienten angegeben. Ein Koeffizient von $r = 0{,}41$ weist auf eine gute prognostische Validität hin. „Gut" ist hier relativ zu anderen diagnostischen Verfahren zu verstehen. Eine Korrelation von $r = 0{,}41$ erlaubt aber noch keine zuverlässige Vorhersage. Eine Einschätzung für die Zuverlässigkeit erhält man durch Quadrierung von r. Dies entspricht dem Anteil an den später auftretenden Unterschieden zwischen den Bewerbern, die durch das Verfahren vorhergesagt werden können. Bei $r = 0{,}41$ entspricht $r^2 = 0{,}168$ (17 Prozent). Bei der Validität kann die Kriteriumsvalidität von der Konstruktvalidität unterschieden werden:[18] ▪ Die Kriteriumsvalidität gibt die Prognosegüte eines Testverfahrens über ein bestimmtes zu prüfendes Anforderungsmerkmal an. ▪ Die Konstruktvalidität gibt die Wahrscheinlichkeit dafür an, dass ein Testverfahren genau die Zusammenhänge und modellartigen Annahmen misst, die es zu messen angibt.

15 Zimbardo, P. G./Gerring, R. J. (2004), S. 401
16 Fisseni, H.-J./Preusser, I. (2007), S. 240
17 Schuler, H. (2001), S. 618
18 Durnwalder, K. (Hrsg.) (2001), S. 105

Kriterien	Erläuterung
Objektivität[19]	Die Objektivität als **intersubjektive Nachprüfbarkeit** lässt sich in drei Gruppen unterteilen: ■ Die Durchführungsobjektivität bei der Durchführung der Übungen. Dies bezieht sich auf die Organisation und Übungsdurchführung. ■ Die Auswertungsobjektivität bei der Ermittlung der Beobachtungen. Dies bezieht sich auf den Beobachtungsvorgang. ■ Die Interpretationsobjektivität bei der Interpretation der ermittelten Beobachtungen. Dies bezieht sich auf den Bewertungsprozess. Die drei Objektivitätsdimensionen sollten erfüllt sein und immer wieder die gleichen Ergebnisse liefern, unabhängig von den Beobachtern. Sie ist dabei eine notwendige Bedingung für die Gültigkeit/Validität von Ergebnissen. Absolute Objektivität ist jedoch nicht erreichbar.
Praktikabilität[20]	Das Verfahren muss unter vertretbarem konzeptionellen, zeitlichen und finanziellen **Aufwand** durchführbar sein. Ferner muss es für den Anwender nachvollziehbar und verständlich oder schnell erlernbar sein.

Assessment Center weisen eine hohe Validität hinsichtlich der Messung der einzelnen Anforderungskriterien (Kriteriumsvalidität) auf. Dies beruht auf der Tatsache, dass bei einem Assessment Center mehrere unterschiedliche Verfahren zum Einsatz kommen, die sich ergänzen. In der psychologischen Diagnostik spricht man hier von der Multimodalität oder Multimethodalität.[21]

Für alle diese Einzelaspekte gibt es mittlerweile gesicherte Testverfahren, die mit hoher Güte Aussagen liefern. Hingegen sind Aussagen über mögliche Zusammenhänge, Interdependenzen, gegenseitige Abhängigkeiten und Wirkungsweisen wie jeder Blick in die Zukunft nach wie vor nur mit hohem Risiko möglich. Das heißt, dass die Konstruktvalidität eines Assessment Centers, das diese Aspekte vereint, unbefriedigend ist. Assessment Center erfassen nicht diejenigen Konstrukte (Persönlichkeitsmerkmale, Fähigkeiten, Kompetenzen), die sie vorgeben zu erfassen. Die mangelnde Konstruktvalidität des Assessment Centers wurde bereits 1982 nachgewiesen. Aber auch mehr als 25 Jahre später gilt nach wie vor:

> „Two decades of research on the construct validity of AC [...] suggest that they substantially reflect [...] not the dimensions that they were designed to measure."[22]

Diese Feststellung gilt jedoch für alle Auswahl- und Potenzialermittlungsinstrumente. Neuere AC-Ansätze greifen diese Problemstellung auf und liefern hier bessere Erkenntnisse.

Auch wenn eine Auswahlentscheidung durch den Einsatz des adäquaten Verfahrens den vorgestellten Gütekriterien genügt, so hängt deren letztendlicher Erfolg von vielen weiteren Faktoren während der Umsetzung ab. Diese Einflüsse zu antizipieren und in einem Verfahren

19 Clauß, G. (Hrsg.) (1995), S. 328
20 Jeserich, W. (1991), S. 60
21 Schuler, H. (Hrsg.) (2001), S. 89
22 Lance, C. E./Gewin, A. G./Lievens, F./Conway, J. M. (2004), S. 380

abzubilden, würde jedes Verfahren aufgrund der Komplexität sprengen. Schon daher ist ein Verfahren mit einer Validität von r = 1,0 Utopie und könnte zudem auch nur eine Momentbetrachtung sein. Unmittelbar nach dem Verfahren, in dem die Messung erfolgte, hat es für jede Person neue Einflüsse und damit möglicherweise neue Erkenntnisse und Entwicklungen sowie Lernschritte gegeben, die aber wiederum zu einer ganz unterschiedlichen Potenzialentwicklung führen können.

Der Grad der Unsicherheit nimmt zu, je weiter eine Aussage für die Zukunft getroffen wird. In Anlehnung an die **Szenariotechnik** dient der in Abbildung 3 dargestellte Szenariotrichter zur Veranschaulichung.[23] Die Spanne zwischen der möglichen „besten" Entwicklung und der möglichen „schlechtesten" Entwicklung wird immer größer. Diese Spanne drückt das Risiko einer sicheren Prognose aus. Das Trend Scenario setzt auf der Fortschreibung der derzeitigen Situation auf. Übersetzt bedeutet dies, dass die Entwicklung einer Person und deren Anpassungs- und Adaptionsfähigkeit an neue Heraus- und Anforderungen in der Vergangenheit in die Zukunft extrapoliert werden.

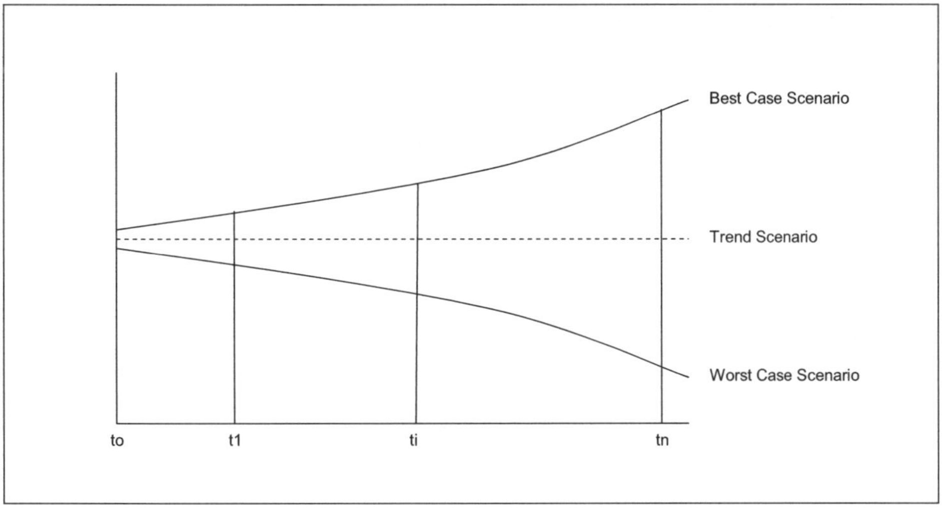

Abbildung 3: *Szenariotrichter*

Daher sollten Sie sich bei der Beurteilung von Entwicklungspotenzial immer auf die nächste Entwicklungsperspektive oder eine konkrete Funktion beziehen. Vor Aussagen über mehrere Entwicklungsschritte hinweg ist dringend abzuraten. Justierungen bzw. eine Neubewertung der Situation sollten jeweils nach einem abgeschlossenen Entwicklungsschritt erfolgen. Zu groß sind die möglichen Einflüsse, die sich aus folgenden Bereichen ergeben und dabei die Entwicklung und Entfaltung von Personen determinieren:[24]

23 Streich, D. (2006), S. 164
24 Gmür, M./Thomen, J.-P. (2007), S. 258

- Aus der Person selbst können sich Einflüsse ergeben. Das Zusammenwirken von Kenntnissen, Einstellungen, Erfahrungen, Gefühlen, Instinkten, Werten ist gegeben und schwierig vorherzusagen. Auch das private Umfeld übt einen erheblichen Einfluss aus, der sich völlig dem Zugriff und der Gestaltung durch das Unternehmen entzieht und immerhin noch bis zu 75 Prozent des Zeitbudgets eines Menschen im Arbeitsleben ausmacht.
- Aus dem äußeren Rahmen ergeben sich weitere Determinanten. Darunter sind die Möglichkeiten zu verstehen, innerhalb einer Organisation persönliches Potenzial zu entfalten. Hierzu zählen Kompetenzen, Vorgaben, Vorschriften, Richtlinien, Werte, Hilfsmittel.
- Aufgaben werden in der Regel nicht im Alleingang gelöst. Aus der Interaktion mit anderen Personen ergeben sich weitere Einflussgrößen, die das eigene Arbeitsergebnis und die daraus resultierenden Entwicklungen erheblich beeinflussen können.

Mit dem Wissen, dass es Messgrößen-Störungen aus diesen Bereichen geben kann, sind Indikatoren zu ermitteln, die in Situationen der Personalauswahl und der Potenzialermittlung dennoch eine gesicherte Aussage über die Leistungsfähigkeit von Personen in den erfolgskritischen betrieblichen Alltagssituationen erlauben.

Bisher ist immer von Auswahl- und Potenzialermittlung in einem Zusammenhang gesprochen worden. Die Zielrichtungen einer Eignungsdiagnostik sind jedoch höchst unterschiedlich:[25]

- **Personalauswahl:** Ausgangspunkt ist eine konkrete Stelle mit mehreren Bewerbern. Aus diesen Kandidaten ist der geeignete auszuwählen, der die Anforderungen der Stelle am besten erfüllt.
- **Personalplatzierung:** Ein Kandidat kommt für verschiedene Aufgaben in Frage. Hier ist zu ermitteln, für welche Funktion der Kandidat am besten geeignet ist.
- **Personalentwicklung:** Ausgangpunkt ist in der Regel keine konkrete Funktion, sondern nur die Formulierung einer Zielebene im Unternehmen, die in ihrer Anforderung über der derzeitig ausgeübten Funktion liegt. Hier ist zu ermitteln, ob der Kandidat über das Entwicklungspotenzial verfügt, sich in diese Funktion hineinzuentwickeln. In der Regel dient dient die Personalentwicklung der Nachwuchsförderung.
- **Organisationsentwicklung:** Ausgangpunkt ist die (drastische) Veränderung der Anforderungen (bereits existierend oder zukünftig) an die Organisation. Damit verbunden ist die Veränderung der Anforderungen an einzelne oder alle Funktionen im Unternehmen. Hierbei ist die anforderungsgerechte Besetzung der Schlüsselfunktionen erfolgskritisch. Die Eignungsdiagnostik dient dazu, ein Bild vom Anpassungs- und Veränderungspotenzial des Unternehmens zu gewinnen.

Die Personaldiagnostik kann mit Blick nach vorn oder zurück (retrograd) erfolgen:[26]

- **Leistungsbeurteilung:** Hierbei richtet sich das Augenmerk auf die in der Vergangenheit erbrachten Leistungen im Hinblick auf die Erfüllung konkreter Anforderungen.

25 Kanning, U. P. (2004), S. 12ff
26 Roda-Leger, P. (2003), S. 6

- **Potenzialbeurteilung:** Dabei steht die Eignung für die erfolgreiche Übernahme zukünftiger Aufgaben im Mittelpunkt. Es findet somit eine Prognose über zukünftige Leistung statt.

Grundsätzlich kann Personaldiagnostik auf drei Arten durchgeführt werden:[27]

1. Ermittlung von **Eigenschaften** der Person durch Testverfahren. Diesen liegen explizite, statistisch verifizierte Annahmen zugrunde, inwieweit die Ausprägung bestimmter Verhaltensweisen oder Persönlichkeitseigenschaften zukünftige Leistung unter veränderten Anforderungen begünstigt oder negativ beeinflusst.
2. Beobachtung und Bewertung von **Verhalten.**
3. Auswertungen von **Leistungen** und **Ergebnissen** in der Vergangenheit und Gegenwart.

Die Eigenschaften einer Person können wiederum in zwei Dimensionen unterteilt werden: die **Einstellungen** und die **Kompetenzen** einer Person.[28] Zu den Einstellungen zählen insbesondere die Leistungsmotivation sowie Werthaltungen der Person. Zu den Kompetenzen zählen allgemeine Fähigkeiten wir Intelligenz, motorische Fähigkeiten aber alle auch berufsspezifischen Qualifikationen. Daher setzt Personaldiagnostik grundsätzlich an vier Bereichen an (siehe Abbildung 4).

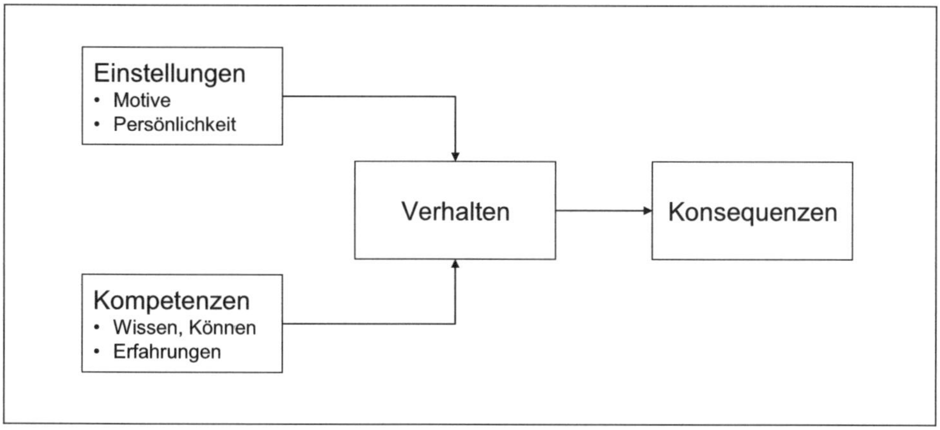

Abbildung 4: *Allgemeines Modell beruflicher Eigenschaften*

Einstellungen und Kompetenzen können wiederum unterteilt werden. Es werden daher im Folgenden sechs Felder betrachtet, an denen diagnostische Verfahren ansetzen können:[29]

1. Einstellungen, Motive, Überzeugungen und Wertvorstellungen
2. Persönlichkeit (orientiert an der Einschätzung von Merkmalen)

27 Schuler, Heinz, (Hrsg.) (2001), S. 95
28 Kaning, U. P. (2004), S. 33
29 Aldering, C. (2006), S. 194

3. Wissen (fachliche Zusammenhänge, Märkte, Prozesse)
4. Erfahrungen (im Zusammenhang mit typischen Frage- und Aufgabenstellungen, mit typischen Herausforderungen in der jeweiligen Position)
5. Verhalten (bezogen auf die Gestaltung erfolgskritischer Situationen auch in der Interaktion mit anderen, Simulation)
6. Resultate/Konsequenzen (Ergebnisse, die in der Vergangenheit erzielt wurden, Biografie).

Nur eine ganzheitlich ausgerichtete Betrachtung bei der Auswahl oder Potenzialermittlung verspricht die größte Sicherheit vor ungeahnten Einflussgrößen und damit Risiken. Es wird jedoch auch deutlich, dass es kein Einzelverfahren gibt, welches in allen sechs Feldern gleichzeitig hinreichende Aussagen liefert.

Im Folgenden werden unterschiedliche Verfahren der Personaldiagnostik dargestellt. Es wird differenziert, ob diese zur Auswahl oder zur Potenzialermittlung eingesetzt werden. Insbesondere wird betrachtet, inwieweit diese Verfahren Rückschlüsse auf die vorgestellten sechs Felder zulassen.

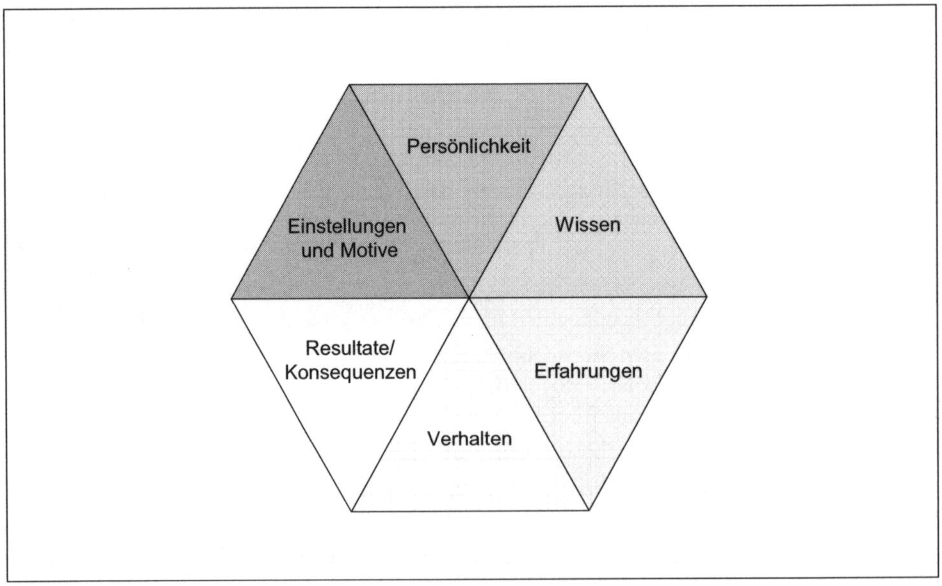

Abbildung 5: *Felder von Leistungsdeterminanten*

Kernaussagen zur Prognosegüte und zum Risiko bei Personalentscheidungen:

- Es gibt keine Personalentscheidung unter Sicherheit (Validität r = 1,0). Alle Personalentscheidungen sind mit einem Risiko verbunden, das mit steigendem Zukunftsbezug größer wird.
- Es existieren zwei Zielrichtungen bei der Personaldiagnostik: Beurteilung der Leistungen und Einschätzung von Potenzial
- In Abhängigkeit der Zielstellung der Personaldiagnostik (zur Auswahl oder Potenzialermittlung) sind unterschiedliche Verfahren anzuwenden.
- Personaldiagnostik ist grundsätzlich auf drei Arten möglich: Ermittlung von Eigenschaften, Auswertung von Leistungen und Beobachten von Verhalten.
- Diese Arten können in Multimodalen Verfahren kombiniert werden.
- Angewandte Methoden differieren stark hinsichtlich ihrer Reliabilität, Validität, Objektivität sowie Praktikabilität.

2. Risikomanagement für Personalauswahlverfahren

> „Wir sind überzeugt davon, dass 80 Prozent der Erfolgswahrscheinlichkeit einer Führungskraft durch ihre Auswahl und nur 20 Prozent durch gezielte Förder- und Entwicklungsmaßnahmen beeinflusst werden können.“[30]

Diese Aussage weist auf eine starke sogenannte Traitorientierung hin. Entweder Kandidaten haben die notwendigen Eigenschaften und Kompetenzen oder nicht. Entwickelt werden können nur die Kompetenzen, die schon in Ansätzen da ist. Nach dieser Auffassung werden menschliches Verhalten und Persönlichkeitseigenschaften weitgehend in frühen Entwicklungsstadien festgeschrieben bzw. sind genetisch bedingt. Das bedeutet stabile Eigenschaften. Ob diese Annahme haltbar ist, wird eingehend bei der Vorstellung der Potenzialermittlungsverfahren diskutiert werden. Festhalten können wir jedoch an dieser Stelle, dass zumindest in einigen Bereichen, wie zum Beispiel im Leistungssport, ein gewisses Grundvermögen bzw. eine Prädisposition vorhanden sein muss. Ohne die Veranlagung können auch mit härtestem Training keine Höchstleistungen erbracht werden. Unter diesem Gesichtspunkt erscheint eine professionelle Auswahl wichtig.

Alle Auswahlverfahren vollziehen sich grundsätzlich in vier Stufen (siehe Abbildung 6).

Der Prozess des Profilings, also der Ableitung eines konkreten Anforderungsprofils, wird in Teil I, Kapitel 6 ausführlich dargestellt.

---

30 Neuberger, O. (2002), S. 237

Zur Vorselektion dienen in der Regel die vorliegenden Bewerbungsunterlagen. Aufgrund der in der Regel hohen Anzahl eingehender Bewerbungen auf eine Ausschreibung ist die Vorselektion ein „Massengeschäft". Ein Grobraster an Kriterien dient der Vorselektion und Einordnung in Güteklassen. Nur die A-Kandidaten werden im Weiteren in das detaillierte Auswahlverfahren aufgenommen. Hierbei können folgende Analysemethoden eingesetzt werden:

- Zeitfolgeanalyse (Verlauf der bisherigen Ausbildungs- und beruflichen Stationen)
- Potenzialanalyse (bisher ausgeübte Tätigkeiten)
- Firmenanalyse (Größe, Struktur, Branche der bisherigen Arbeitgeber)
- Kontinuitätsanalyse (Wechselhäufigkeit, Verweildauer)

Die prognostische Validität von Entscheidungen auf Basis der Bewerbungsunterlagen ist jedoch kritisch, umso mehr, als sich die bisherigen Tätigkeiten von den Anforderungen der gesuchten Funktion unterscheiden.[31] Im europäischen Ausland ist es nicht üblich, umfangreiche Bewerbungsunterlagen zu erstellen. Dort wird auf Referenzschreiben Wert gelegt.

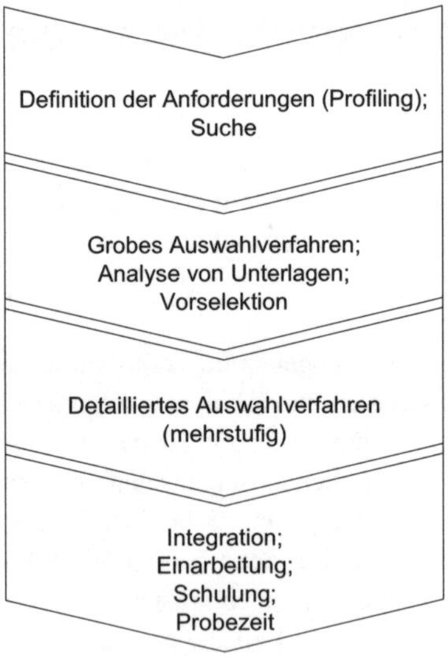

Abbildung 6: *Stufen der Personalauswahl*

Unterschiede treten in der dritten Stufe durch den Einsatz unterschiedlicher Verfahren zur Bestimmung der Eignung auf. Ansonsten sollte der Ablauf identisch sein. Daher werden nur die in der dritten Stufe eingesetzten Instrumente betrachtet.

31 Reinhardt, R. (2006), S. 28

Zur Auswahl von Kandidaten können alternativ oder in Kombination die in Tabelle 4 dargestellten Verfahren genutzt werden.

***Tabelle 4:** Auswahlverfahren im Vergleich*

Auswahlverfahren	Bemerkungen
Empfehlung, Referenz, Gespräch	Von Vorgesetzten oder anderen Personen werden Empfehlungen für die Auswahl einer bestimmten Person gegeben. So gut Sie diese auch hinterfragen können, es bleibt die Meinung einer Einzelperson. Durch deren Wahrnehmungs- und Bewertungsfilter, die Sie im Zweifelsfall nicht genau kennen und die Sie nicht offen legen können, nehmen Sie die betreffende Person wahr. Alle Indikatoren können nur über den Bericht eines Dritten bewertet werden, der subjektiv geprägt ist. Die Aussagekraft ist, was die harten Faktoren wie Wissen und Erfahrung angeht, gut. Eine eingeholte Meinung sollte unbedingt überprüft werden. Es besteht immer die Gefahr einer Gefälligkeitsreferenz. Fähigkeiten bzw. Ausprägungen der Leistungsdeterminanten werden nur durch Hören-Sagen erfahren. Hier ist insbesondere darauf zu achten, aus welchen der folgenden Feldern die Bewertungen stammen.[32] ■ Beruflicher und schulischer Werdegang inklusive Bestätigung der schulischen Leistungen (englischsprachiger Raum) ■ Bewertung des Charakters, der Persönlichkeit und der Sozialkompetenz ■ Bewertung der beruflichen Fähigkeiten und Leistungen ■ „Willingness to re-hire“ durch vorherige Arbeitgeber
Bewerbungs-interview	Es gibt verschiedene Formen, ein Bewerbungsinterview zu führen: ■ **Unstrukturierte, offene Interview** folgenden keinem festen Fahrplan. Die Abfolge und die Inhalte des Gespräches finden in Abhängigkeit von dem jeweiligen Gesprächspartner statt. Die geführten Gespräche sind nicht miteinander vergleichbar, da unterschiedliche Schwerpunkte gesetzt wurden. ■ **Standardisierte Interviews** folgen einen festen Fahrplan, um die Vergleichbarkeit von Kandidaten zu gewährleisten und sicherzustellen, dass alle relevanten Themen abgefragt wurden. Hier wird sowohl bei der Abfolge als auch bei den gestellten Fragen nicht von einem Standardfaden abgewichen. Nachteilig ist, dass sich im Gespräch anbietende Themenfelder, die nicht im Leitfaden vorgegeben sind, nicht erschließen lassen. ■ Bei **halbstandardisierten Interviews** sind die Themengebiete, die besprochen werden sollen, festgelegt. Daneben gibt es jedoch die Möglichkeit, jederzeit auch weitere Themen aufzunehmen. Auch die Abfolge kann variieren und sich am Gesprächsverlauf orientieren. Diese Form der Interviewführung ist am häufigsten anzutreffen, ist jedoch auch die schwierigste Form, da die Gefahr besteht, ins Plaudern zu geraten.

32 Reinhardt, R. (2006), S. 30

Auswahlverfahren	Bemerkungen
	Interviews können alleine, aber auch mit einem Interviewpartner geführt werden: Vier- oder Mehr-Ohren-Prinzip. Wie bei einer Beobachterkonferenz können dann Beobachtungen und Bewertungen miteinander abgeglichen werden. Im Vorfeld ist jedoch die Rollenverteilung abzustimmen. Häufig werden mehrere Gesprächsrunden durchgeführt, bevor die finale Entscheidung getroffen wird. Dabei wird pro Gesprächsrunde der Kreis der Kandidaten weiter eingeschränkt. Hierdurch können Eindrücke aus einem Gespräch in einem weiteren Gespräch überprüft werden. Wichtig ist, dass der Rahmen und die Inhalte des Gespräches variiert werden, damit nicht der Eindruck entsteht, es gäbe nichts Neues zu überprüfen. Der Eindruck der Redundanz wirkt beim Bewerber negativ. Je detaillierter ein Gespräch durchgeführt wird und je mehr Personen an dem Gespräch teilnehmen (mehrere Gespräche verstärken dies), wird die Aussagekraft bezüglich der Indikatoren besser. Aussagen über Verhaltensaspekte sind nur eingeschränkt möglich, da nur eine Interviewform vorlag. Auf Resultate, Erfahrungen und Wissen wird nur über Exploration der Vergangenheit geschlossen. In Interviews können Informationen aus einigen Feldern der Leistungsdeterminanten ermittelt werden. Je unstrukturierter das Interview geführt wird, desto weniger sind die gewonnenen Aussagen jedoch den Feldern zuzuordnen. In der Regel werden aus den Feldern Einstellungen/Motive, Wissen und Erfahrungen nur sehr ausschnittartig Erkenntnisse ermittelt. Aussagen zum Verhalten sind nur für die Interviewsituation möglich, auf die Persönlichkeitseigenschaften kann nur geschlossen werden. Resultate entziehen sich in der Regel der eindeutigen Bewertung und Zuordnung auf die interviewte Person (insbesondere bei externen Kandidaten).
Multimodales Interview/MMI	Die multimodale Interviewform ist eine Weiterentwicklung des halbstandardisierten Interviews. Der Aufbau ist folgendermaßen: ■ Gesprächsbeginn ■ Selbstvorstellung des Bewerbers ■ Standardisierte Fragen zur Berufsorientierung und Organisationsauswahl ■ Freies Gespräch ■ Biografiebezogene Fragen ■ Realistische Tätigkeitsinformationen über die zu besetzende Stelle ■ Situative Fragen z. B. über Critical Incidents ■ Gesprächsabschluss Diese Form enthält bereits Elemente eines Assessment Centers, da unterschiedliche Situationen innerhalb eines Gespräches geschaffen werden. Allerdings fokussiert das Gespräch mehr auf erfolgskritische Situationen. Als Kritik gilt jedoch tendenziell das Gleiche. Aufgrund der Struktur des Gespräches werden intensivere Eindrücke gewonnen, die den Leistungsdeterminanten klar zugeordnet werden können.

Auswahlverfahren	Bemerkungen
Arbeitsprobe	Die Durchführung einer Arbeitsprobe ist nur bei Funktionen möglich, bei denen Aufgaben schnell übertragbar sind und die Ergebnisse der Arbeitsaufgabe der betreffenden Person eindeutig zugeordnet werden können. Bezieht sich die Arbeitsprobe auf das Erstellen eines Musters oder die Ausführung einer mechanischen Tätigkeit, so ist im Anschluss eine Aussage über Wissen und Erfahrung möglich. Diese ist jedoch sehr stark eingeschränkt zu betrachten, je weniger repräsentativ die übertragene Aufgabe für das gesamte Tätigkeitsspektrum ist. Hierbei können insbesondere Erkenntnisse zu den harten Faktoren gewonnen werden. Alle Soft Factors können so nicht ermittelt werden.
Testverfahren: Intelligenztest, Leistungstest, Persönlichkeitstest	Um **Intelligenztests** bei Auswahlentscheidungen heranzuziehen, muss man genau wissen, welche Intelligenz man gerne messen möchte. Die Intelligenztests sind speziell zur Messung ganz konkreter Themen entwickelt worden. **Leistungstests** prüfen Wissen ab, als reine Wissensabfrage. Des Weiteren kann Leistung im Sinne von Kraft, Schnelligkeit, Geschicklichkeit und Ausdauer gemessen werden. Drittens kann Leistung im Sinne des Einsatzes von Erfahrungen genutzt werden. **Persönlichkeitstests** erfassen Persönlichkeitsmerkmale. Entscheidend ist, wie der Test aufgebaut ist und für welche Anwendung er entwickelt wurde. Außerdem liegt dem Persönlichkeitstest die Theorie zugrunde, dass Persönlichkeitsmerkmale sehr konstant sind und maßgeblich das Verhalten bestimmen, was in der neueren Forschung jedoch umstritten ist. Je nach Ausrichtung wird immer auf ein Feld fokussiert. Hierbei werden nicht alle Leistungsdeterminanten des Feldes abgeprüft, sondern nur Teilaspekte. Verhalten wird nicht ermittelt.
Gruppendiskussion	Gruppendiskussionen werden in der Regel angewandt bei der Auswahl von externen Kandidaten für Einsteigerfunktionen. Sie sind gekoppelt an andere Auswahlverfahren wie z. B. Interviews oder Tests. Hierbei soll insbesondere das Verhalten in Gruppen, also die soziale Interaktion geprüft werden. Die harten Faktoren wie Wissen, Erfahrung und Resultate sind nicht abprüfbar.
Ärztliche Eignungsuntersuchung	Eine ärztliche Untersuchung steht in der Regel nicht für sich allein, sondern stellt nach dem erfolgreichen Bestehen eines der anderen Auswahlinstrumente den letzten abschließenden Test auf körperliche Fitness dar. Diese ist insbesondere wichtig bei Funktionen, in denen es keinerlei Einschränkung der Sinne oder physischen Leistungsfähigkeit geben darf (Fahr- und Steuertätigkeit, Arbeiten in Höhen etc.). Eine Untersuchung ist immer eine Momentaufnahme für den Arbeitgeber, da er nur eine digitale Rückmeldung über die Eignung erhält. Gründe der Einschränkung erfährt er nicht. Diese unterliegen der ärztlichen Schweigepflicht. Je nach ausgeübtem Beruf sind turnusmäßig in festgelegten Zeitabständen oder bei Anordnung des Arztes auch in geringeren Abständen Nachuntersuchungen vorzunehmen.

Auswahlverfahren	Bemerkungen
	Reine Zusatzprüfung, schon aus rechtlichen Gegebenheiten heraus. Hat nichts mit den Feldern und den Leistungsdeterminanten zu tun.
Grafologische Gutachten	Dieses Verfahren ist mit dem Persönlichkeitstest verwandt. Über die Art und Weise der Handschrift werden Rückschlüsse auf Persönlichkeitsmerkmale gezogen. Hierbei liegt die Annahme zugrunde, dass die Persönlichkeit die Schreibweise determiniert. Durch die Tatsache, dass eine Aussage nur durch das Einholen eines Gutachtens bei einem Spezialisten möglich ist, entstehen relativ hohe Kosten. Der Zusammenhang zwischen Schrift und Persönlichkeit ist in der Wissenschaft äußerst umstritten. Wenn überhaupt eine Aussage möglich ist, so beschränkt sich diese nur auf den Bereich der Persönlichkeit.

Die Validität einzelner Auswahlverfahren ist wissenschaftlich eingehend untersucht worden. In Tabelle 5 sind die Ergebnisse dieser Untersuchungen angegeben.

Tabelle 5: *Validität von Auswahlverfahren*[33]

Referenzen	r (Definition siehe Tabelle 3)	r^2 (%) (Definition siehe Tabelle 3)
Reilly & Chao (1982)	0,14	1,96
Moser & Rhyssen (2001)	0,2	4
Offenes Interview		
Arvey & Campion (1980)	0,05 bis 0,25	0,25 bis 6,25
Reilly & Chao (1982)	0,19	3,61
Hunter & Hunter (1984)	0,08 bis 0,14	0,64 bis 1,96
Wiesner & Cronshaw (1988)	0,13	1,69
Standardisiertes Interview		
Wiesner & Cronshaw (1988)	0,4	16
Latham (1989)	0,3 bis 0,4	9 bis 16
Arbeitsprobe		
Robertson & Kandola (1982)	0,5	25
Schmitt et al. (1984)	0,38	
Cascio (1987)	0,25 bis 0,3	6,25 bis 9
Schuler et al. (1993)	0,3	9

33 Kleinmann, M./Strauß, B. (1998), S. 80 ff., Reinhardt, R. (2006), S. 30-31, Schuler, H. (2/2007), S. 27

Referenzen	r (Definition siehe Tabelle 3)	r^2 (%) (Definition siehe Tabelle 3)
Multimodales Interview		
Schuler (1994)	0,18 bis 0,51	3,24 bis 26,01
Vorgesetztenempfehlung		
Hunter & Hunter (1984)	0,4	16
Schuler (1987)	0,44	19,36
Assessment Center		
Bray & Gant (AT&T) (1966)	0,46	21,16
Thornten, Gaugler, Rosentahl, Bentson (1987)	0,25 bis 0,78	6,25 bis 60,84
Thornten et al. (1987)	0,37	13,69

Die Validität von Tests ist sehr unterschiedlich und kann nur testbezogen angegeben werden. Tests können unterschiedliche Zielsetzungen haben. Sie werden sowohl bei der Auswahl als auch bei der Potenzialermittlung eingesetzt. Psychologische Testverfahren für die berufliche Eignungsdiagnostik lassen sich in zwei grundlegende Kategorien unterteilen:[34]

- **Persönlichkeitstests** untersuchen je nach Zielsetzung Merkmale der Eigenschaften, Interessen, Einstellungen und des Charakters. Persönlichkeitstests wurden im klinischen Bereich entwickelt. Eine Übertragung auf betriebliche Fragestellungen ist umstritten, da ihre Prognosefähigkeit bezüglich des Verhaltens nur gering ist. Hier gibt es unterschiedliche Verfahren: subjektive Tests wie Persönlichkeitsfragebögen, objektive Tests und projektive Test wie Formdeutungsverfahren (Rorschach-Test). Den Persönlichkeitstests liegt die Theorie zugrunde, dass Personen eine Reihe relativ stabiler Persönlichkeitsmerkmale aufweisen, die messbar und signifikant sind, um auf dieser Basis Prognosen für die Eignung von Personen abzugeben. Es werden Kausalbeziehungen zwischen persönlichen Eigenschaften und zukünftigem Verhalten unterstellt.

- **Fähigkeitstests** lassen sich ebenfalls nach den Verfahren klassifizieren. Leistungstests messen Leistungsausprägungen wie Konzentration, Ausdauer, Aufmerksamkeit, aber auch Aspekte wie sensorische Leistungen und motorische Fähigkeiten wie Fingerfertigkeiten und Kraft. Intelligenztests sind am meisten verbreitet. Es gibt sie zur Messung der rechnerischen Fähigkeiten, der Analysefähigkeiten, des Erinnerungsvermögen, der geistigen Flexibilität und der Auffassungsgabe. Bei den Fähigkeitstests lässt sich eher ermitteln, welche der getesteten Fähigkeiten eine Person hat. Es handelt sich um eine reine Bestandsaufnahme. Prognosen, ob diese Leistung weiterzuentwickeln ist, lassen diese Ergebnisse per se nicht zu.

34 Gmür, M./Thommen, J.-P. (2007), S. 273-274

Abschließend werden in Tabelle 6 die Einzelverfahren hinsichtlich ihrer Aussagekraft zu den Leistungsdeterminanten in den sechs vorgestellten Feldern bewertet. Ein positive Bewertung (+) gibt an, dass das Instrument bei sachgemäßer Anwendung valide Aussagen liefert. Eine negative Bewertung (-) gibt an, dass das Instrument selbst bei sachgemäßer Anwendung keinerlei valide Aussagen zulässt.

Tabelle 6: *Indikatorfunktion der Auswahlverfahren*

Auswahlverfahren	Einstellungen und Motive	Persönlichkeit	Wissen	Erfahrungen	Verhalten	Resultate/ Konsequenzen
Empfehlung/Referenz/Gespräch	-	-	-	-	-	-
Unstrukturiertes Bewerbungsinterview	-	-	-	-	-	-
Strukturiertes Bewerbungsinterview	+	+	+	+	-	-
Multimodales Interview	+	+	+	+	-	+
Arbeitsprobe	+	-	+	+	-	+
Testverfahren: Intelligenztest, Leistungstest, Persönlichkeitstest	 - - +	 - - +	 + + -	 + + -	 - - -	 - + -
Gruppendiskussion	+	+	-	-	+	-
Ärztliche Eignungsuntersuchung	-	-	-	-	-	-
Grafologisches Gutachten	-	-	-	-	-	-

Aus der Betrachtung wird deutlich, dass jedes Verfahrens, bis auf das grafologische Gutachten, einen Teilaspekt zur Klärung der Eignung im Sinne definierter Anforderungen abdeckt: aber eben nur einen Teilaspekt. Bis auf die Gruppendiskussion sind in keinem Verfahren anforderungsspezifische Verhaltensaspekte abprüfbar. Gerade das Verhalten in „realen“, anforderungsspezifischen Situationen ist jedoch der stärkste Indikator bei der Entscheidungsfindung. Hier kommt zum Ausdruck, ob die betreffende Person unter „realen“ Bedingungen ihr Können und ihre Fähigkeiten unter Beweis stellen und im Sinne der Zielsetzungen einer Funktion „punkten kann“.

Auswahlentscheidungen sollen eine digitale Entscheidung ermöglichen: Erhält ein Kandidat den Zuschlag für eine konkrete Position oder nicht? Je nach eingesetztem Verfahren sind aber nicht generell zu allen Anforderungsmerkmalen Aussagen möglich, was nicht negativ sein muss. Insbesondere dann nicht, wenn diese Anforderungsmerkmale für die Funktion von nachrangiger Bedeutung sind, z. B. im Bereich des „Massengeschäftes" bei der Personalrekrutierung für stark ausführungsorientierte Tätigkeiten.

Sollte das jedoch nicht der Fall sein, so ist von einem Auswahlverfahren mit eingeschränktem Fokus dringend abzuraten. In besonders relevanten Fällen sollten Sie ein Verfahren wählen, das Aussagen in allen relevanten Bereichen ermöglicht. Dieses ist insbesondere bei Assessment Centern der Fall. Bei geeigneter Konstruktion verbindet ein Assessment Center als multimodales Verfahren die Vorzüge aller Methoden. Hierzu werden bei der Vorstellung der Potentialermittlungsverfahren in Teil I, Kapitel 3 vertiefende Ausführungen gemacht.

In Tabelle 7 sind weitere Aspekte angegeben, die Ihnen helfen, den jeweils für Sie richtigen Ansatz zu finden.

***Tabelle** 7: Auswahlkriterien zur Wahl von Auswahlverfahren*

Auswahlkriterium	Kritische Würdigung
Akzeptanz des Verfahrens im Unternehmen	Standardisierte Personalauswahlverfahren genießen nicht per se eine hohe Akzeptanz im Unternehmen.[35] Das hat vielfältige Ursachen. Entscheidend ist die **Unterstützung der Unternehmensführung** für dieses Verfahren und ob ein Abweichen davon sanktioniert wird. Darüber hinaus ist entscheidend, inwieweit eine **Durchgängigkeit** der Anwendung des Instrumentes über alle Ebenen gegeben ist. Ein dritter Aspekt ist die **Erklärungsbedürftigkeit** und **Komplexität** des Verfahrens und der damit verbundene Aufwand. Generell gibt es durchaus Abwehrmechanismen gegenüber Verfahren, die eine Positionierung und damit emotionale Beteiligung von Personen erfordern. Hier wird anfänglich mit Skepsis reagiert. Im Fall eines Assessment Centers ist darüber hinaus zu prüfen, ob die Kultur des Unternehmens den Einsatz dieses Instrumentes zulässt. Notwendige Voraussetzungen einer Unternehmenskultur sind: ■ **Fehlerkultur;** Fehler dürfen zu Lernzwecken gemacht werden ■ **Feedback-Kultur;** Einschätzung wird gegeben, ohne die Person in Frage zu stellen, Achtung der Persönlichkeit ■ **Coaching-Kultur;** essenzielle Aufgabe von Führungskräften ist die Steuerung und Entwicklung von Mitarbeitern
Akzeptanz des Verfahrens bei den Kandidaten	Das ausgewählte Verfahren muss zu dem Segment passen, in dem ausgewählt wird, ansonsten werden Bewerber „abgeschreckt". Top-Manager werden bei einem Bewerbungsvorgang keinen klassisch strukturierten Bewerbungsablauf akzeptieren. Mitarbeiter, die in einem Job gebunden sind, dürfen ebenfalls nicht durch Bürokratismus gegängelt werden. Insbesondere dann nicht, wenn die Anzahl ihrer Alternativen groß ist.

35 Breisig, T. (2005), S. 133

Auswahlkriterium	Kritische Würdigung
Konkurrenzsituation auf dem Arbeitsmarkt	Jeder Kandidat möchte in der Regel den am wenigsten aufwändigen Weg gehen, um in einem Unternehmen Beschäftigung zu finden. Wird ein Assessment Center im Zuge eines Auswahlprozesses nicht als persönliche Chance gesehen, kann eine „Abstimmung mit den Füßen" drohen. Diese kann bis zu einem gewissen Grad gewollt sein, um nur Kandidaten in einem bestimmten Segment konkret anzusprechen. In Phasen, in denen auf dem Arbeitsmarkt der **„War for Talents"** in vollem Gange ist, kann der Arbeitsmarkt von einem Nachfrager- zu einem Anbietermarkt tendieren. Kandidaten haben dann eher die Qual der Wahl bei ihrer Entscheidung für einen Arbeitgeber. Entscheidend ist dann, welche Botschaften über eine Employer-Branding-Strategie hinsichtlich einer **Employer Value Proposition** aufgebaut werden.
Kosten des Verfahrens/ Nutzen des Verfahrens	Der Aufwand der ausgewählten Methode muss durch den Nutzen gerechtfertigt werden. Es ist immer die Methode zu wählen, die mit minimalem Aufwand die höchste Aussagekraft entfalten kann. Ausdrücklich ist hervorzuheben, dass z. B. die Güte eines Bewerbungsgespräches höher sein kann als die eines ACs. Sie kann jedoch bei entsprechender Durchführung auch schlechter sein als eine vorgenommene Auswahl allein anhand der Bewerbungsunterlagen. Es kommt immer auf die Professionalität an, mit der die Methoden ausgeführt werden. Die Professionalität ist in jedem Fall abzusichern, ansonsten scheidet die Methode aus. Hinsichtlich des Aufwandes im Rahmen von Auswahlentscheidungen besteht ein **abnehmender Grenznutzen.** Zudem können nicht alle Erfolgskriterien ex ante überprüft werden. Zu prüfen sind, ob die formale Eignung des Kandidaten besteht und der Kandidat über genug Eigenantrieb verfügt, sich in das Unternehmen integrieren zu wollen. Wie der Mitarbeiter seine Fähigkeiten und sein Potenzial im Unternehmensalltag tatsächlich einbringt, hängt auch von Faktoren ab, die bei der Auswahl des Kandidaten keine Berücksichtigung finden können. Ein Restrisiko müssen Sie immer in Kauf nehmen! Je stärker **umsetzungs- und ausführungsorientiert** eine Tätigkeit strukturiert sind, umso mehr stehen Fertigkeiten und Kenntnisse im Vordergrund. Ein gut geführtes Interview reicht dann oft aus, einen ausreichenden Einblick in die Motive und Einstellungen der betreffenden Person zu erhalten. Außerdem ist der Aspekt der Führung durch den Vorgesetzten im Arbeitsalltag bei diesen Funktionen sehr wichtig. Dort können durch gute Führung die weniger ausgeprägten, aber dennoch notwenigen fachübergreifenden Kompetenzen entwickelt werden. Je erfolgskritischer eine Funktion ist und je stärker **interpersonelle Aspekte** im Vordergrund stehen, sollten umfangreichere und ganzheitlichere Verfahren genutzt werden. Bei der Bewertung, welchen Aufwand Sie treiben sollten, sind durchaus Vergleiche mit Investitionsentscheidungen sinnvoll. Auch in dem Bereich sind Entscheidungskompetenzen und Einsatz von Berechnungs- und Bewertungsinstrumenten von der Höhe der Investition und dem damit verbundenen Risiko abhängig.

Auswahlkriterium	Kritische Würdigung
Qualität/Eignung des Verfahrens für die spezifische Anwendung	Das Verfahren muss geeignet sein, eine Grundlage für die zu besetzende Stelle zu liefern. Die Güteanforderungen Validität, Reliabilität und Objektivität müssen größtmöglich erfüllt sein. Grundsätzlich gilt: Je näher sich das Verfahren an der Realität orientiert, umso eher sind auch valide Aussagen möglich. Insbesondere bei Testverfahren ist darauf zu achten, welche Aspekte diese abprüfen. Tests sind in der Regel für ein ganz spezifisches Anwendungsspektrum entwickelt worden. Nur dort entfalten sie ihre Aussagekraft. Wichtig ist auch, dass immer das Anforderungsprofil der zu besetzenden Funktion im Mittelpunkt steht. Sobald hiervon abgewichen wird, drohen Personalentscheidungen fehlerhaft zu werden. Häufig beobachtetes Phänomen ist der Druck, den die suchenden Bereiche bei der Auswahlentscheidung ausüben. Diese benötigen dringend Manpower und wählen dann vielfach den „erst-besten" Kandidaten, der halbwegs geeignet scheint. Eine weitere Falle ist die Empfehlung bzw. der „Beziehungskandidat". Meist hat dort keiner den Mut, sich gegen die Auswahl der Kandidaten zu stellen. Beispiele hierfür sind Mitarbeiterkinder oder Freunde/Kinder aus dem Bekannten-/Verwandtenkreis von Führungskräften und Arbeitnehmervertretern sowie Kandidaten aus dem politischen Umfeld.

Ein Assessment Center ist Bestandteil einer Human-Resource-Management-Strategie (HRMS) eines Unternehmens. Grundsätzlich orientiert sich eine HRMS an der Zielrichtung des Unternehmens, die sich wiederum an den Interessen der Stakeholder orientiert. Die Stakeholders sind neben den Anteilseignern, den Shareholdern, die Kapitalgeber, der Gesetzgeber, die Mitarbeiter, Kunden, Lieferanten und das gesamte gesellschaftliche Umfeld. Alle diese Gruppen tragen in unterschiedlicher Art und Weise Erwartungen und Forderungen an das Unternehmen heran, die auf die vielfältigste Art und Weise beachtet und bei der Formulierung einer HRMS und der Auswahl der zugehörigen Instrumente berücksichtigt werden müssen.[36] Ohne deren Berücksichtigung wird die HRMS und deren Instrumentarien keine Akzeptanz im Unternehmen finden.

Sonderform Probezeit:

In der Zeitung DIE WELT vom 13. September 2008 wird getitelt, dass die Probezeit die beste Möglichkeit sei, um die Eignung von Kandidaten für eine Funktion festzustellen.

Sicher ist es wichtig, im Rahmen der Probezeit die getroffene Auswahlentscheidung zu hinterfragen bzw. zu festigen. Eine vorhergehende Entscheidung ersetzt diese jedoch nicht. Um die Probezeit nicht zu einer „Trial and Error"-Phase zu machen, ist die vorgelagerte Selektionsentscheidung mit größter Sorgfalt vorzunehmen. Gerade in den kritischen Situationen, in denen das Handeln der Kandidaten einen hohen Bezug zum Unternehmenserfolg hat, darf es keine Versuchsstrecken geben. Der hier angebotene Beratungsansatz ist nur ein weiterer

36 Poole, M. (1999), S. 50

Baustein in der Kette, dass Vorgesetzte, die eine Auswahlentscheidung zu treffen haben, diese nicht eigenverantwortlich und strukturiert im Vorfeld vornehmen, sondern sich auf die Urteile der Kollegen und anderen Stakeholder der zu besetzenden Funktion im Rahmen der Probezeit verlassen. Entscheidungen zu treffen heißt Verantwortung zu übernehmen und damit ins Obligo zu gehen. Dies ist jeder Vorgesetzte auch dem gegenüber schuldig, der ausgewählt wird. Der Weg zurück ist nur die Notlösung, eine Rückfahrkarte sollte nicht schon im Vorfeld einer Stellenbesetzung gelöst werden.

Auch die geforderte Verlängerung der Probezeit ist nicht zielführend. Je komplexer eine Funktion gestaltet ist, umso höhere Anforderungen werden an den Funktionsinhaber bei der Besetzung gestellt. Hierbei gibt es zwei Dimensionen: Zeit und Potenzial. Je weniger Potenzial ein Kandidat besitzt, desto mehr Zeit wird er benötigen, um in die Funktion hineinwachsen zu können, sofern er es überhaupt schafft. Entscheidend ist es daher, die Kandidaten zu selektieren, die über das ausreichende Potenzial verfügen, innerhalb kürzester Zeit den Anforderungen gerecht zu werden. Hier gehört dann auch der Mut der Führungskräfte dazu, Kandidaten auszuwählen, die mehr Potenzial besitzen als die Führungskraft selber. Das gesamte Prinzip des Interim-Managements basiert auf dieser Vorgehensweise. Dort erhalten hoch qualifizierte Manager komplexe Aufträge, bei denen sie durch ihr Wirken das Wohl und Weh des Unternehmens entscheidend beeinflussen. Hierbei wird eine sofortige Wirksamkeit im Handeln gefordert und unterstellt.

Richtig und wichtig ist, die Güte von Entscheidungen ex post genau zu ermitteln. Das Problem ist jedoch, dass unternehmerisches Handeln Geschwindigkeit und damit verbundene Risikobereitschaft erfordert. Eine sichere Entscheidungssituation ist hierbei nicht erreichbar.

Kernaussagen zu Personalauswahlverfahren:

- ✗ Alle Auswahlverfahren sollten in der gleichen Professionalität und nach dem gleichen Muster ablaufen. In der Praxis wird jedoch durch die Entscheidungsträger nur der Aufwand bei der Funktionsbeschreibung und der Anforderungsanalyse betrieben, der auch im weiteren Verlauf des Verfahrens von diesen benötigt wird.
- ✗ Die Auswahlverfahren unterscheiden sich insbesondere hinsichtlich ihrer systematischen bzw. unsystematischen Vorgehensweise.
- ✗ Insbesondere bei Testverfahren werden Persönlichkeitseigenschaften ermittelt. Hierbei wird ein klarer Zusammenhang zwischen Eigenschaft und Verhalten unterstellt. Dieses gleicht dem Bild einer Fremdsteuerung des Verhaltens durch Eigenschaften.
- ✗ Auswahlverfahren erfassen zum Teil nur sehr ausschnittartig Einstellungen/Werte, Persönlichkeitseigenschaften, Wissen, Erfahrungen, Verhalten sowie Leistung. Zumeist fokussieren sie nur auf einen oder wenige dieser Aspekte.
- ✗ Bei Auswahlverfahren wird in der Regel die zugrunde liegende theoretische Basis zu Gunsten einer praxisorientierten Umsetzung des Verfahrens ausgeblendet.

3. Risikomanagement für Potenzialermittlungsverfahren

3.1 Allgemeines

Anders als bei Auswahlverfahren, bei denen als Konsequenz eine Einstellung beabsichtigt ist, werden bei einem Potenzialermittlungsverfahren vorerst ohne Entscheidungsdruck Potenziale gemessen.

Was versteht man unter Potenzial? Dieser Begriff lässt sich in zwei Dimensionen definieren.[37]

- **Vorhandenes Potenzial:** Fähigkeiten, Kompetenzen und Eigenschaften, die aktuell vorhanden sind, aber derzeit nicht abgefordert werden. Dieses Potenzial ist sofort abrufbar und muss nicht entwickelt werden.
- **Entwicklungspotenzial:** Fähigkeiten, Kompetenzen und Eigenschaften sind gemessen an den sich stellenden Anforderungen noch nicht in ausreichendem Maße vorhanden. Das Entwicklungspotenzial gibt an, ob und wenn ja mit welchem Aufwand und in welcher Schnelligkeit diese entwickelt werden können.

Im Gegensatz zu Auswahlverfahren die auf die kurzfristige Personalentscheidung abzielen sind Potenzialermittlungsverfahren längerfristig ausgerichtet. Hierfür ist es notwendig,

- die Anforderungen an eine zu besetzende Funktion zu definieren,
- den aktuellen Eignungsgrad zu messen (vorhandenes Potenzial),
- das Delta zu den Anforderungen zu ermitteln (Soll-Ist-Vergleich) und
- dann darüber hinausgehend zu ermitteln, mit welchem Aufwand die noch erforderlichen Kompetenzen erlangt werden können (Entwicklungspotenzial).

Gerade der letzte Schritt unterscheidet die Potenzialanalyse von den Auswahlverfahren.

Theorien der Persönlichkeitsdiagnostik bilden die Grundlage für Potenzialanalysen. Hierbei werden Persönlichkeitstypologien zugrunde gelegt, in der Annahme, dass grundlegende und stabile Persönlichkeitseigenschaften das Verhalten der betreffenden Person entscheidend determinieren. Hier gibt es zwei grundlegende Ansätze:[38]

---

37 Aldering, C. (2006), S. 193-194
38 Rehrl, M./Harteis, C./Gruber, H. (2006), S. 185

- Der **trait-orientierte Ansatz** geht davon aus, dass die Persönlichkeit einer Person weitgehend stabil ist und im Zeitablauf nur wenigen Veränderungen unterliegt. Das Verhalten einer Person ändert sich damit nur marginal. Verhaltensbeobachtungen in einer Situation können aufgrund der hohen Konstanz auf andere vergleichbare Situationen übertragen werden.
- Der **stadien-orientierte Ansatz** besagt, dass die Persönlichkeit einer Veränderung unterliegt. Diese Veränderung ist abhängig von externen Einflussvariablen. Diese können sich je nach Lebensphase und Situation stark verändern und führen damit zu einer Anpassung von Verhalten.

Daneben gibt es noch andere Persönlichkeitstheorien (z. B. Psychodynamische Theorie nach Freud, humanistische Theorie des Selbstkonzeptes). Sie alle haben ihren Beitrag zum Verständnis von menschlichem Verhalten geleistet. Keine von ihnen ist jedoch allumfassend und allein erklärend.[39] Der trait-orientierte Ansatz wurde Ende der 40er Jahre entwickelt. Er gilt zunehmend als veraltet, da er ein zu statisches Bild der Persönlichkeitsentwicklung hat. Verhaltensänderungen von Personen und Anpassungen an sich verändernde Rahmenbedingungen sind vor dem Hintergrund dieses Ansatzes kaum zu erklären.

Bis in die 60er Jahr konzentrierte man sich auf Verhalten und Verhaltensstile.[40] Heute wird verstärkt dem Zusammenspiel von Person und Situation Aufmerksamkeit gewidmet. Lern- und Leistungsverhalten ist eine nicht trennbare, dauernd stattfindende Interaktion zwischen Person und Umwelt. Hierbei beeinflussen sich Trait und Situation gleichermaßen. Die Synthese beider Ansätze wird als die beste Lösung angenommen. Das bedeutet, dass Persönlichkeit veränderbar ist und Potenzial entwickelt werden kann.

Das Ziel von Potenzialanalysen ist es daher, die aktuelle Kompetenz von Menschen zu ermitteln (vorhandenes Potenzial) und Aussagen darüber zu ermöglichen, wie diese Kompetenzen (weiter-)entwickelt werden können (Entwicklungspotenzial), um zukünftigen Anforderungen zu entsprechen. Aus den definierten Anforderungen einer Funktion wird abgeleitet, wie das korrespondierende anforderungsgerechte Verhalten aussieht. Dem Verhalten liegen wiederum bestimmte Persönlichkeitseigenschaften zugrunde, die dieses Verhalten determinieren. In der dispositionsorientierten Kompetenzanalyse wird von dem (einmal) beobachteten Verhalten auf das generelle Leistungsvermögen der Person geschlossen.[41] Es findet somit eine Verallgemeinerung statt, ähnlich wie bei der Vorurteilsbildung.

Gerade in den programmierten Testverfahren ist dieser Zusammenhang fest verdrahtet (programmiert). Psychologische Testverfahren liefern quantitative Aussagen über die individuelle Leistung einer Person oder Ausprägung eines Merkmals in Relation zum Durchschnittswert der Vergleichsgruppe.[42] Insbesondere alle fragebogenbasierten Testverfahren (in Papierform oder DV-gestützt) basieren auf diesem Prinzip. Die Programmierung beruht aber:

39 Zimbardo, P. G./Gerrif, R. J. (2004), S. 642
40 Felfe, J. (2005), S. 18
41 Rehrl, M./Harteis, C./Gruber, H. (006), S. 187
42 Horn, R. (2003), S. 3

- auf den Annahmen eines zugrunde liegenden Persönlichkeitsmodells (erste Fehlerquelle);
- auf der Frage, was der Test wirklich misst (zweite Fehlerquelle);
- auf der Frage, ob der Test den Gütekriterien genügt (durch Testverfahren gesichert), um wirklich diese Aussage zu machen (dritte Fehlerquelle) und
- auf dem Vergleichsobjekt bzw. -subjekt (vierte Fehlerquelle).

Die Ergebnisse suggerieren dem Entscheider, der sich mit den Fehlerquellen nicht beschäftigt, Sicherheit für seine Entscheidung. Beispielhaft sind in Tabelle 8 einige Testverfahren und ihre Zielstellung aufgelistet. Hier wird deutlich, wie ausschnittartig diese Tests sind.

Tabelle 8: *Beispiele für Testverfahren*[43]

Verfahren	Ziel
Bochumer Matrizentest (BOMAT)	Intelligenz
Leistungsmotivationsinventar (LMI)	Leistungsmotivation
Wiener Risikobereitschaftstest (WRBT)	Risikobereitschaft
Psychologischer Integritätstest (PIT/2007)	Integrität
Persönlichkeitsinventar zur Integritätsabschätzung (PIA/2000)	Integrität
Inventar berufsbezogener Einstellungen und Selbsteinschätzungen (IBES/2006)	Integrität

Selbst die Anbieter des PIT räumen ein, dass die Testverfahren in die Irre führen und auf keinen Fall ein Gespräch ersetzen können.[44] Untersuchungen zum Korruptionsverhalten lassen starke Zweifel daran aufkommen, dass die Persönlichkeit das Moralverhalten festlegt. Vielmehr gehen aktuelle Studien der Universität Magdeburg davon aus, dass unmoralisches Verhalten maßgeblich durch Anreize aus dem Umfeld begünstigt wird. Eine herbe Einschränkung der Aussagefähigkeit von Testverfahren, die von Persönlichkeitseigenschaften auf Verhalten schließen!

Damit ist offensichtlich, dass die Annahme von allgemeinen kontextunabhängigen Kompetenzen, die Personen besitzen, und die ein gleichförmiges Verhalten in annähend vergleichbaren Situationen unterstellen, nicht haltbar ist. Ein Übertragung von auf unspezifischen Kontexten beruhenden Einschätzungen des Verhaltens auf andere, spezifische Situationen ist nicht möglich. Für die Praxis bedeutet dies, bei der Ermittlung von Kompetenzen möglichst reale, anforderungsgerechte Situationen zu schaffen und das dort beobachtete Verhalten zu bewerten.[45]

---

43 Landerer, W./Schulte, M. (2007), S. 30
44 Reichert, C, Was lange währt, wird eher korrupt, Handelsblatt vom 30.07.2008, Wirtschaft&Debatte, S. 9
45 Rehrl, M./Harteis, C./Gruber, H. (2006), S. 187-189

Dem **dispositionsorientierten Kompetenzmodell** steht somit der **Performanceansatz** gegenüber. Hier werden reale Verhaltensweisen und Leistung in bestimmten Situationen und Fallkonstellationen einbezogen, um das Ausmaß der Kompetenz zu bestimmen.

Die Verfahren zur Potenzialermittlung lassen sich folgendermaßen klassifizieren:

- Bei **konstruktbezogenen Verfahren** gibt es klare Annahmen über Wirkungszusammenhänge. Diese sind bei wissenschaftlichen Tests aufgrund der Häufigkeit, mit der der Test durchgeführt wurde, valide abgesichert. Input- und Output sind „fest miteinander verdrahtet", sozusagen programmiert. Diese Verfahren eignen sich gut, um Eigenschaften wie Intelligenz oder Extroversion zu messen.
- **Simulationsbezogene Verfahren** sind geeignet, um Verhalten in realen Anforderungssituationen zu simulieren.
- **Biografische Verfahren** ermitteln erfolgreiches Verhalten in der Vergangenheit. Hierzu zählen Explorationen in Interviewsituationen, Befragungen von Referenzpersonen oder biografische Fragebögen sowie alle weiteren Informationen der Vergangenheit, die einen Bezug zu den Anforderungen in der Zukunft aufweisen könnten und eine Grundlage für das Treffen einer Aussage erlauben.
- **Multimodale Verfahren** kombinieren Elemente der drei vorgenannten Verfahren. Sie sind somit keine eigenständigen Verfahren, sondern verknüpfen die anderen Verfahren, um einen ganzheitlichen Einblick zu ermöglichen.

Tabelle 9: *Trimodaler Ansatz der Berufseignungsdiagnostik*[46]

Konstruktbezogene Verfahren	Simulationsbezogene Verfahren	Biografiebezogene Verfahren	Multimodale Verfahren
Fähigkeitstests	Arbeitsproben	Kenntnisprüfungen	Assessment Center (AC)
Persönlichkeitstests	Fertigkeitsprüfungen	Noten	Potenzialanalysen (PA)
Interessentests	Situational Judgement Tests	Berufserfahrung	Management Audits (MA)
Fremdeinschätzungen	Situative Interviewfragen	Biografische Interviewfragen und Fragebögen	Multimodale Interviews (MMI)

Die Darstellung und Bewertung einzelner Verfahren zur Ermittlung vorhandenen Potenzials wurde bereits bei den Auswahlverfahren vorgenommen. Im Weiteren wird diskutiert, wie auf Basis der einzelnen Verfahren Aussagen über das Entwicklungspotenzial möglich sind. Diese Aussagekraft ist das entscheidende Merkmal, das Potenzialverfahren von Auswahlverfahren unterscheidet. An der Güte, wie sie dieser Funktion gerecht werden, müssen sich die einzelnen Potenzialverfahren messen lassen.

46 Schuler, H. (Hrsg.) (2001), S. 89, und Schuler, H., Personalwirtschaft, 3/2006, S. 14

Zu den **konstruktbezogenen Verfahren** wurde bereits eine Einschätzung gegeben. Sie sind zu statisch. Es sind vielmehr sowohl Person als auch Situation zu betrachten. Behalten Sie dabei im Auge, dass insbesondere Testverfahren immer nur auf Teilsaspekte von Fähigkeiten oder Eigenschaften fokussieren, z. B Intelligenz, aber nie eine ganzheitliche Aussage zulassen. Sind offene Fragen Bestandteil der Tests, wird aufgrund des Ermessensspielraumes in der Beurteilung der Antworten die Objektivität in Frage gestellt.

In **simulationsorientierten Verfahren** können zukünftige Anforderungen simuliert und das Verhalten analysiert werden. Letztendlich wird hier aber nur ermittelt, inwieweit die betreffende Person in der Lage ist, bereits vorhandenes Potenzial in der Beobachtungssituation abzurufen. Zu ergänzen wären diese Verfahren durch Rückmeldeschleifen und eine erneute Simulation, um zu ermitteln, ob und wie eine Person mit Rückmeldungen umgeht. Nur dann sind Rückschlüsse auf Lernverhalten und damit auf das Entwicklungspotenzial zu ziehen. Dieser wichtige Aspekt wird ausführlich in Teil I, Kapitels 4.4 bei der Vorstellung der Entwicklungstendenzen der AC-Methode vorgestellt.

Biografische Verfahren untersuchen Ereignisse und Entwicklungsprozesse der Vergangenheit. Dabei betrachten sie, wodurch diese initiiert wurden, wie drastisch diese waren und wie die betreffende Person diese „gesteuert" hat. Hieraus lassen sich zumindest ansatzweise Aussagen darüber ableiten, wie eine Person mit Veränderungen in Zukunft umgehen würde. Allerdings ist nachteilig, dass nie alle Einflussfaktoren der Vergangenheit im Nachhinein offengelegt werden können. Das „Coping", der Umgang mit Veränderungen kann vielfach nur den Erzählungen der betreffenden Person entnommen werden. Hier werden vielfach auch Legenden gesponnen oder zusätzliche Details eigenen Handelns eingebaut. An dieser Stelle Dichtung von Wahrheit zu trennen, ist nicht einfach.

Multimodale Verfahren bieten die beste Form der Ermittlung vorhandenen Potenzials. Sie verbinden unterschiedliche Methoden und Instrumente. Damit wird eine Person buchstäblich „von allen Seiten durchleuchtet". Am ehesten sind Rückschlüsse auf Entwicklungspotenzial möglich, da auch ohne Rückmeldungsschleifen in dem Verfahren Lerneffekte bei den Kandidaten erzielt werden. Zumindest sind bei länger andauernden Verfahren Anpassungsentwicklungen der Teilnehmer zu beobachten, die in den Bereich des Lernens einzuordnen sind. Die Art und Weise der Anpassung lässt Rückschlüsse auf Entwicklungspotenzial zu.

Im Weiteren werden zwei Verfahren näher vorgestellt, die zur Ermittlung von Potenzial eingesetzt werden:

- 360 Grad-Bewertung
- Potenzialgutachten

3.2 Die 360 Grad-Bewertung

Die 360 Grad-Bewertung ist eine Methode, um das individuelle Führungspotenzial zu ermitteln. Dies geschieht über das Feedback von verschiedenen Personengruppen. Diese Personengruppen können als Stakeholder der zu beurteilenden Person bezeichnet werden, da sie alle einen Berührungspunkt zu dieser Person aufweisen. Eine 360 Grad-Bewertung verbindet die folgenden Bewertungsansätze:

- **Mitarbeiterbeurteilung** (von oben nach unten) durch den direkten Vorgesetzten und/oder nach dem Großvaterprinzip durch den noch ranghöheren Vorgesetzten.
- **Führungskräfte-Feedback** (von unten nach oben), auch Vorgesetztenbeurteilung genannt, durch die direkt unterstellten Mitarbeiter (Team- oder Gruppenleiter) und/oder durch die Mitarbeiter unter diesen Team- oder Gruppenleitern.
- Externe Beurteilung als **Kundenbefragung** von internen und externen Kooperationspartnern, mit denen die zu bewertende Person in einer Kunden-Lieferantenbeziehung steht. Bei der Befragung interner Kunden wird insbesondere die Kunden-Lieferantenbeziehung betrachtet. Themen, die den Führungsaspekt betreffen, werden im Rahmen der Kollegenbewertung abgefragt.
- Externe Beurteilung durch externe **Auditoren,** die keinen Bezug zu der Person besitzen. Wird diese Form alleine eingesetzt, wird in der Regel von einem Management Audit gesprochen und ein Potenzialgutachten erstellt.
- **Kollegenbewertung** auf der gleichen Hierarchieebene, aber auch bei rangniedrigeren Kollegen aus Nachbarbereichen sowie von Kollegen auf nächst höheren Hierarchieebenen.

Die Einschätzungen der unterschiedlichen Personengruppen zeichnen ein umfassendes Bild von der zu bewertenden Person; die Bewertung wird mit der Selbsteinschätzung der betroffenen Person verglichen.

Diese Bewertung wird vielfach mit einem standardisierten Fragebogen durchgeführt, um die Ergebnisse hinterher standardisiert auszuwerten. Vertiefend können Interviews geführt werden. Vorgesetzte haben darüber hinaus die Möglichkeit, für die Beurteilung die Erfüllung von Zielvereinbarungen heranzuziehen.

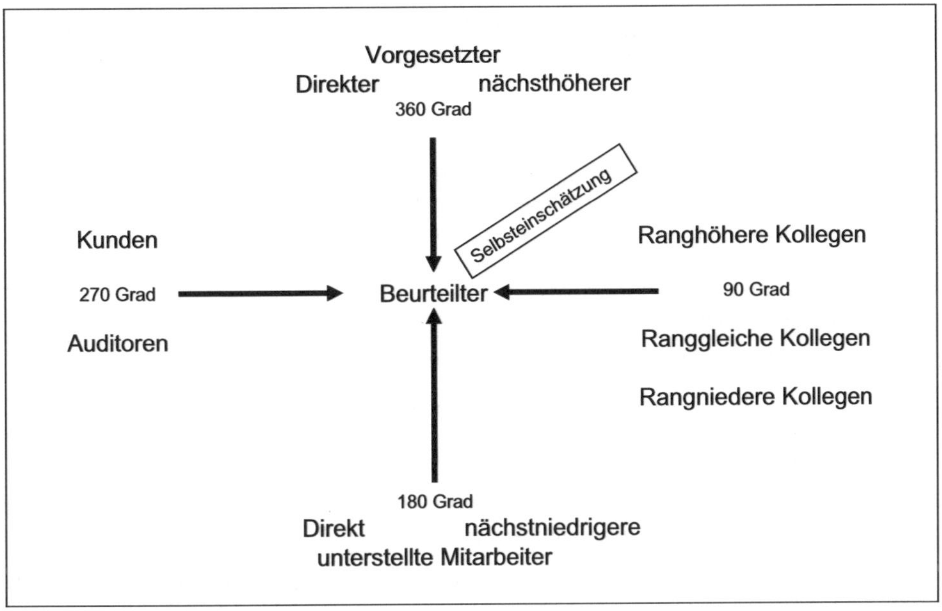

***Abbildung** 7: 360 Grad-Bewertung*

***Tabelle 10:** Vor- und Nachteile einer 360 Grad-Bewertung*

Vorteile	Nachteile
■ viele Daten sind verfügbar ■ hohe Objektivität (Wiederholbarkeit) ■ hohe Akzeptanz ■ Bewertungskriterien werden durch das Unternehmen festgelegt ■ hohe Transparenz ■ zielt auf Förderperspektive	■ sehr zeitaufwändig ■ Aufwand zur Datenerhebung erheblich ■ nicht alle Daten sind schnell verfügbar ■ Problem der Vertraulichkeit von Daten aufgrund der hohen Quellenzahl ■ generelle Probleme des Informationswertes von schriftlichen Datenerhebungen bzw. Befragungen (z. B. Aussagewert von Zeugnissen)

Dieses Verfahren ist zwar eher ein klassisches Beurteilungsverfahren, es kann jedoch auch zur Potenzialermittlung eingesetzt werden. Da alle Stakeholder der Person befragt werden, ergibt sich ein umfassendes Bild von den eingeschätzten Fähigkeiten der Person. Ein umfängliches Stärken- und Schwächenprofil entsteht. Dieses ist subjektiv, da es der Beurteilung von Personen unterliegt. Da aber Leistung immer im Kontext eines sozialen Gefüges erbracht wird, wird hier insbesondere die Akzeptanz der betreffenden Person innerhalb der Organisation bzw. ihres betrieblichen sozialen Umfeldes ermittelt. Bei einer hohen Akzeptanz wird es dieser Person bei vergleichbarem Potenzial eher möglich sein, in einer Organisation wirksam zu werden, als einer weniger akzeptierten Person.

3.3 Das Potenzialgutachten

Potenzialgutachten lassen sich sowohl im Bereich der Mitarbeiterauswahl als auch in der Nachwuchsförderung anlass- und unternehmensbezogen einsetzen. Bei Potenzialgutachten werden interne Ressourcen weitgehend geschont, da sie durch externe Auditoren erfolgt. Potenzialgutachten werden in folgenden Schritten durchgeführt:

- Der Kandidat und der direkte Vorgesetzte bewerten mit identischen Fragebögen unabhängig voneinander (Selbst- und Vorgesetzteneinschätzung). Hierbei erfolgt die Beantwortung durch den Vorgesetzten in schriftlicher Form.
- Die Beantwortung des Fragebogens durch den Kandidaten erfolgt in Interviewform durch den externen Auditor. Bei den Gesprächen mit den Teilnehmern werden neben den Fragen noch ein biografischer Fragebogen und eventuell noch Persönlichkeitstests (Myers Briggs Type Indikator, STAB-Analyse, Berne-Inventarium) eingesetzt.
- Die Ergebnisse aus Selbst- und Vorgesetzten-Bewertungen, die biografischen Informationen und die Selbsteinschätzung der Managementtests gehen in ein persönliches Gutachten für jeden Teilnehmer ein. Das Gutachten wird durch den externen Auditor erstellt, der das Interview mit dem Kandidaten geführt hat.
- Das Gutachten wird den Teilnehmern und den Vorgesetzten zur Verfügung gestellt.
- Das Gutachten wird durch den externen Auditor mit dem Kandidaten und den direkten Vorgesetzten besprochen. Es wird ein Förderplan erstellt.

Das Gutachten gliedert sich in die Dimensionen:

- Biografische Informationen,
- Arbeitsverhalten,
- Auftreten und Konstitution,
- Interaktion mit anderen (Partnern und Kollegen),
- Geschäfts- und Marktorientierung (Kunden),
- Mitarbeiterverantwortung (Führung),
- Leistungsmotivation.

Tabelle 11: Vor- und Nachteile von Potenzialgutachten

Vorteile	Nachteile
■ neutrale Perspektive durch neutralen Dritten ■ unterschiedliche Sichtweisen werden transparent ■ realitätsnah ■ hohe Akzeptanz ■ hohe Transparenz ■ Bewertungskriterien werden durch das Unternehmen festgelegt ■ zielt auf Förderperspektive ab ■ Verfahren bindet wenig Ressourcen ■ geringer Zeitaufwand	■ Ergebnisse sind abhängig von den gutachterlichen und betriebswirtschaftlichen Kenntnissen der Gutachter ■ das Anforderungsprofil und die daraus abgeleiteten Anforderungskriterien sind nicht transparent und kristallisieren sich auch im Verlauf nur schemenhaft heraus ■ Wecken von Erwartungen, die teilweise vom Unternehmen nicht erfüllt werden können

Kernaussagen zu Potenzialermittlungsverfahren:

- ✘ Es ist zwischen vorhandenem Potenzial und Entwicklungspotenzial zu differenzieren.
- ✘ Es gibt vier grundsätzliche Ansätze für die Potenzialermittlung: Konstruktbezogene Verfahren, Simulationsbezogene Verfahren, Biografische Verfahren, Multimodale Verfahren.
- ✘ Die Auffassungen darüber, wodurch Verhalten determiniert ist, weichen stark voneinander ab. Auf der einen Seite gehen die Verfechter des trait-orientierten Ansatz von angeborenen und über die Zeit stabilen Persönlichkeitseigenschaften aus. Der stadien-orientierte Ansatz geht davon aus, dass die Persönlichkeitseigenschaften nicht stabil, sondern in Abhängigkeit der Lebensphase entwickeln. Der Performanceansatz hingegen sieht einen starken Zusammenhang zwischen Verhalten und Situation.
- ✘ Testverfahren basieren auf einer Theorie von eigenschaftsgesteuertem Verhalten. Hierbei werden stabile (zeitlich und situativ) Persönlichkeitseigenschaften unterstellt.
- ✘ Simulationen testen Teilnehmer in spezifischen Situationen und leiten hieraus Annahmen über zukünftiges Verhalten ab.
- ✘ Biografische Verfahren extrapolieren Kenntnisse und Verhalten der Vergangenheit auf zukünftiges Verhalten.
- ✘ Multimodale Verfahren verbinden die Methoden der drei erstgenannten Verfahren mit einem starken anforderungsspezifischen Bezug.

4. Das Assessment Center

4.1 Was ist ein Assessment Center?

Die AC-Methode ist ein mögliches Verfahren zur Personalauswahl und Potenzialermittlung. Sie ist eine multimodale Methode, da sie Ansätze verschiedener anderer Verfahren zu einem „Meta"-Verfahren kombiniert. Der Unterschied des Assessment Centers zu anderen Verfahren liegt somit nicht in der Methode als solche, sondern im Methoden-Mix und der Methodenvielfalt.

Der Begriff Assessment Center kommt aus dem Amerikanischen (to assess = bewerten, beurteilen, einschätzen). Ein Assessment ist die Einschätzung nach vorhergehender indirekter Beobachtung. Damit bedeutet das Assessment Center ein ganzheitliches, zusammenhängendes und konzentriertes Vorgehen.

> „Assessment Center sind multiple diagnostische Verfahren, welche systematisch Verhaltensleistungen bzw. Verhaltensdefizite von Personen erfassen. Hierbei schätzen mehrere Beobachter gleichzeitig für einen oder mehrere Teilnehmer seine/ihre Leistungen nach festgelegten Regeln in Bezug auf vorab definierte Anforderungsdimensionen ein."[47]

Charakteristisch für ein Assessment Center sind die folgenden Merkmale:

- mehrere Beobachter beobachten und bewerten einen Kandidaten,
- die Vorgehensweise ist strukturiert,
- die Kandidaten durchlaufen verschiedene anforderungsorientierte Beobachtungssituationen,
- diese Situationsarten wiederholen sich, um das Verhalten der Kandidaten in unterschiedlichen, aber vergleichbaren Situationen zu beobachten,
- es wird Verhalten beobachtet,
- es werden in der Regel nur die definierten Anforderungsmerkmale bewertet.

Ein Assessment Center ist ein systematisches Verfahren zur Ermittlung und Bewertung von Verhaltensweisen, die an festgelegten Anforderungskriterien gemessen werden. In simulierten Praxissituationen, Einzel- und Gruppenspielen, in Form von Interviews, Plan- und Rollenspielen sowie Gruppendiskussionen werden die Probanden von geschulten Beobachtern analysiert und bewertet. Assessment Center liefern hierbei Informationen über die Qualifikationen und das Potenzial von Menschen in den Bereichen Methoden-, Sozial- und Persönlichkeitskompetenz.

---

47 Definition nach Kleinmann, M., (2003), S.1, aus: Klebl, U. (2006), S. 8

Die Ausprägungen der formalen Qualifikationen (Ausbildung, Weiterbildung, zusätzliche fachliche Anforderungen oder Zertifikate, notwendige Berufserfahrung wie z. B. Dauer, Branche, Tätigkeit) sind in der Regel nicht Bestandteil der Beobachtungen im Rahmen eines Assessment Centers. Zur Ermittlung der Fachkompetenz stehen andere bereits beschriebene Verfahren zur Verfügung, die im Vorfeld der Durchführung eingesetzt wurden, um den Teilnehmerkreis eines Assessment Centers zu begrenzen. Im Falle von Potenzial-ACs spielt die Fachkompetenz ohnedies eine untergeordnete Rolle.

Ein Assessment Center kann zur Personalauswahl (Auswahl-AC) oder zur Potenzialermittlung von Mitarbeitern (Potenzial-AC) eingesetzt werden. In Abhängigkeit von der Zielrichtung und der betrachteten Funktion oder Zielebene ist das Assessment Center anforderungsspezifisch aufzubauen. Ein Auswahl-AC wird in folgenden Schritten durchgeführt:

1. Ermittlung der konkreten Anforderungen der zu besetzenden Funktion
2. Beschreibung des beobachtbaren Verhaltens, welches die konkret zu prüfende Anforderung charakterisiert
3. Auswahl von Methoden und Alltagssituationen, in denen die benötigten Fähigkeiten abgefordert werden (Anforderungsbezug)
4. Grundannahme, dass angemessenes statt angepasstes Verhalten zum Erfolg führt. Dies betrifft den Bereich der Verhaltensorientierung. Die gewählten Situationen sollen das Arbeitsverhalten der Teilnehmer beobachtbar machen (Operationalisierung)
5. Selektion der Mitarbeiter, die an dem Assessment Center teilnehmen sollen
6. Das AC wird in der Regel in einer zweitägigen Veranstaltung durchgeführt. Es gilt das Prinzip der Mehrfachbeobachtung. Beobachtung und Beurteilung sollten zeitlich getrennt erfolgen. Jeder Beobachter muss sich selbst ein Urteil bilden. Hierbei müssen die Beurteiler um Objektivität bemüht sein.
7. Auswertung der Beurteilungen und Verdichtung zu einem Eignungsprofil
8. Vergleich der Eignungsprofile mit dem Anforderungsprofil der konkreten Funktion
9. Rückmeldung der Entscheidung und Darlegung der Ergebnisse (mit jedem einzelnen Probanden)

Es ist bei der Erarbeitung der Beurteilungskriterien jedoch darauf zu achten, dass kein stereotypes Mitarbeiterprofil skizziert wird, welches zwar in das Unternehmen passt, unter strategischen Gesichtspunkten auf die Dauer jedoch dysfunktional wirkt. **Der Fokus ist auf das zu lenken, was gebraucht wird, und nicht, was gefällt.**

Bei einem Potenzial-AC gibt es außer im Bereich der Auswertung (Schritte 7-9) keine generellen Abweichungen von dem oben beschriebenen Ablauf. Unterschiedlich ist die Ausgestaltung der einzelnen Schritte, da bei einem Potenzial-AC nicht eine konkret zu besetzende Funktion, sondern die Entwicklung in eine nächsthöhere Hierarchieebene im Vordergrund steht. Für diese werden korrespondierende allgemeine Managementanforderungen beschrieben. Diese Anforderungen dienen dann anders als im Auswahl-AC nicht, als Messlatte für die reine Eignungsermittlung eines Kandidaten, sondern zeigen eine Idealanforderung auf, von der die Kandidaten in der Regel (weit) entfernt sein können. Wichtig ist die Prüfung, ob der jeweilige Kandidat das Potenzial besitzt, dieses Anforderungsprofil überhaupt zu erfüllen (Schritt 7). Die Auswertung der Ergebnisse wird sehr detailliert vorgenommen, um die zu entwickelnden Qualifikationsmerkmale so genau wie möglich zu beschreiben (Schritt 8). Die Rückmeldung ist eingebettet in die Abstimmung eines Entwicklungsplans (Schritt 9).

Rating-Skalen stellen die häufigste Bewertungsmethode dar. Bei diesem Ansatz tragen die Beobachter auf einer Werteskala ein, wie stark das jeweilige Verhaltensmerkmal des Anforderungsprofils bei der Testperson ausgeprägt ist. Weist diese Skala zu wenige Abstufungen auf, können die feinen Unterschiede zwischen den Verhaltensweisen der Versuchspersonen nicht dokumentiert werden. Eine detaillierte Skalierung dagegen täuscht eine Exaktheit bei der Bewertung von Verhaltensmerkmalen vor, die nicht gegeben ist.

Die Skalenwerte müssen eindeutig beschrieben sein und dürfen beim Beobachter keinen Spielraum für Interpretationen zu lassen. Im Prozess ist streng zwischen Beobachtung und Bewertung zu trennen. Zuerst sind die Beobachtungen niederzuschreiben. Dann ist eine persönliche Bewertung der Beobachtungen vorzunehmen. In einer Beobachterkonferenz werden Einzelbeobachtungen und -bewertungen zusammengetragen, diskutiert und gegebenenfalls auch korrigiert. Hierdurch entwickelt sich in der Auseinandersetzung bei den Beobachtern ein gleichwertiger Bewertungsmaßstab.

Durch die Beurteiler können trotz aller Vorkehrungen Bewertungen in das Assessment Center hineingetragen werden, die nichts mit der beobachteten Realität zu tun haben. Je nach Herkunft (intern oder extern) und Schulung der Beobachter wird die Bewertung verzerrt. Einfluss nehmen hier z. B. Faktoren wie negative Vormeinungen (z. B. aufgrund von Erfahrungen), die Gewichtung von hervorstechenden Merkmalen (z. B. Äußerlichkeiten) und die Neigung zu vorschnellen Urteilen. Diese Phänomene werden ausführlich im Kapitel „Die Problematik von Wahrnehmung und Beobachtung" beschrieben. Bei der externen Durchführung eines Assessment Centers ohne unternehmensinterne Beobachter können diese subjektiven Beurteilungseffekte noch am besten ausgeglichen werden. Allerdings fallen dann auch die gesamten Effekte, die ein Assessment Center auf die Beobachter hat, weg.

4.2 Entstehungsgeschichte

Im Ersten Weltkrieg setzte die deutsche Heeresführung zur Auswahl spezieller Funktionen (z. B. Pilot, Kraftfahrer, Funker) erstmals Verfahren der psychologischen Eignungsdiagnostik ein, insbesondere dort, wo es sich um die Nutzung von Schlüsseltechnologien handelte, die ganz besondere fachfremde Kompetenzen erforderte. Daher waren herkömmliche Methoden, die körperliches Leistungsvermögen und Fachkenntnisse beurteilten, nicht anwendbar.

Nach Beendigung des Ersten Weltkrieges durfte gemäß der Weimarer Reichsverfassung von 1919 die adelige Herkunft nicht mehr ausschlaggebend für eine Offizierslaufbahn sein. Durch die Technisierung in der Kriegsführung veränderten sich zudem die Anforderungen an die Militärführung, so dass ohnedies eine derartige Rekrutierungsstrategie nicht mehr zeitgemäß war und den steigenden Bedarf an qualifizierten Heerführern nicht zu decken vermocht hätte.

In den 20er und 30er Jahren wurden daher erstmals Vorläufer der AC-Methode von der Deutschen Reichswehr zur Auswahl von Offiziersanwärtern eingesetzt. Hierzu wurde 1920 an der Universität Berlin ein psychologisches Forschungszentrum im Auftrag des Reichswehrministeriums gegründet. Ab 1927 durfte kein Offizier der Reichswehr ernannt werden, der nicht zuvor erfolgreich das heerespsychologische Auswahlverfahren durchlaufen hatte. Damals wurden erstmals „führerlose Gruppendiskussionen" durchgeführt. Ziel war es, die Auswahl von Offizieren vollständig von der sozialen Herkunft der Teilnehmer zu lösen sowie die Persönlichkeit der Bewerber umfassender zu erfassen.

Während des nationalsozialistischen Regimes gab es eine Abkehr von dieser Form der Eignungsdiagnostik. Reichswehrminister Göring schaffte das psychologische Verfahren Auswahl von Offizieren ab und ersetzte dieses durch eine intensives Prüfungsverfahren der parteipolitischen Gesinnung.

Briten, Kanadier und US-Amerikaner hingegen übernahmen die AC-Methode im Zweiten Weltkrieg zur Auswahl und Besetzung von Spezialfunktionen (z. B. Piloten).

Die rückkehrenden Soldaten, die mit der AC-Methode in Berührung gekommen waren, führten diese in ihrer Heimat ein und entwickelten die Methode für unternehmerische Anwendungen weiter. Seit den 60er Jahren werden Assessment Center in der uns heute bekannten Form zur Beurteilung und Auswahl von Führungskräften und Führungsnachwuchskräften in der Wirtschaft genutzt. Die ersten bedeutenden wissenschaftlichen Studien diesbezüglich wurden bei der Firma AT&T (1956 und 1966) durchgeführt. In den 70er Jahren verbreitete sich das AC-Verfahren erstmals als „Re-Import“ auch in Unternehmen in Europa. In Deutschland setzten es als erste die Tochtergesellschaften amerikanischer und britischer Unternehmen wie IBM und BAT zur Auswahl von Nachwuchs- und Führungskräften ein. Als Instrument zur Potenzialerkennung wurde das Assessment Center erst in den späten 70er Jahren weiterentwickelt.

4.3 Anwendungsgebiete von AC-Verfahren

Grundsätzlich können Assessment Center nach zwei Gesichtspunkten differenziert werden:

- nach der Anzahl der Teilnehmer an einem AC und
- nach der Zielsetzung des ACs.

Tabelle 12: Differenzierung von ACs nach der Teilnehmerzahl

Teilnehmer	Charakterisierung
Einzel-AC	Eine Person durchläuft ein AC. Logischerweise entfallen alle Gruppenübungen. Bestandteil sind Einzelübungen, aber auch Rollenspiele und Interviews, bei denen ein Beobachter als Sparringspartner fungiert. Bei einem Auswahl-AC, dieses ist hierbei die gängige Form, ist das Ziel, eine Ja/Nein-Entscheidung über die Eignung einer Person für eine Position zu erhalten. Ein Einzel-AC dauert in der Regel einen Tag und wird von externen Spezialisten durchgeführt. Die Ergebnisse werden dem Auftraggeber in Form eines Berichtes zur Verfügung gestellt. Es wird in der Regel eine Empfehlung ausgesprochen. Gründe für die Durchführung von Einzel-ACs können sein: ■ Bewerber müssen "geheim" bleiben (Kandidat hat den "alten Job" noch nicht gekündigt) ■ es geht um sensible Unternehmensbereiche, die nicht "jedermann" einsehen soll ■ für bestimmte Positionen gibt es nicht genügend Bewerber etc.
Gruppen-AC	Den häufigsten Einsatz hingegen findet das Assessment Center im Rahmen von Gruppen. Hierfür ist insbesondere ausschlaggebend, dass die absoluten Kosten durch eine Vielzahl von Teilnehmern geteilt werden und somit relativ geringer werden. Außerdem kann hierbei auch die gesamte Bandbreite möglicher Alltagssituationen simuliert werden. Bei Funktionen, die vermehrt gruppendynamische Aspekte beinhalten, ist ein Gruppen-AC fast schon ein Muss. Die Dauer von Gruppen-ACs richtet sich nach den Anforderungen der Funktion und dauert von mindestens einem Tag bis zu drei Tagen bei entwicklungsorientierten Formen.

Tabelle 13: Differenzierung von ACs nach der Zielsetzung

Zielsetzung	Charakterisierung
Auswahl-AC	Im Rahmen von Auswahl-ACs wird die Basis für eine Auswahlentscheidung für eine konkret zu besetzende Stelle gelegt. In der Regel wird dieses mit externen Kandidaten durchgeführt, um intern keine Verlierer zu erzeugen. Wird ein Auswahl-AC bei der Auswahl von internen Kandidaten durchgeführt, empfiehlt sich der zusätzliche Einsatz von externen Beobachtern im Beobachterteam.
Potenzial-AC	Vor dem Hintergrund eines eher unspezifischen Anforderungsprofils (nicht eine konkrete Stelle, sondern das Potenzial für einen nächsten Karriereschritt steht im Mittelpunkt) soll das Entwicklungspotenzial von Kandidaten ermittelt werden. Dieses wird insbesondere bei der Bildung von Nachwuchskräftepools eingesetzt. Eine Überprüfung von Entwicklung erfolgt in einem nachgelagerten Evaluations-AC.

Evaluations-AC	Zur Kontrolle von durchgeführten Qualifikationsmaßnahmen werden Evaluations-ACs durchgeführt. Zum Beispiel wird nach einer Ausbildung evaluiert, ob die Kandidaten die Inhalte auch in die Praxis bzw. in ihr eigenes Verhaltensrepertoire übernommen haben. Hierbei handelt es sich um eine Form der Transferkontrolle von Qualifizierungsmaßnahmen. Insbesondere wird dieses auch als zweites Assessment Center im Anschluss an ein Potenzial-AC durchgeführt, um zu messen, inwieweit die vereinbarten Maßnahmen erfolgreich waren.
Team-AC	Bei einem Team-AC steht der Teambildung- und Teamentwicklungsprozess im Mittelpunkt. Hierbei handelt es sich um ein Gruppen-AC, bei dem die Beobachter das Zusammenspiel der Teammitglieder beobachten und hieraus ableiten, welche Defizite es in der Zusammenarbeit gibt. Es werden Rollenverhalten, Kommunikationsverhalten und Methodenkenntnisse beobachtet.

In der folgenden Tabelle sind die grundsätzlichen Anwendungsgebiete von Assessment Centern übersichtsartig angegeben.

Tabelle 14: *Einsatzgebiete für ACs*

	Einzel-AC	**Gruppen-AC**
Auswahl-AC	Zur Unterstützung von Personalauswahlentscheidungen auf der 1. und 2. Führungsebene	■ Auswahl von mehreren Personen für generelle Entwicklungs- und Ausbildungsprogramme (z. B. Traineeprogramm, Ausbildung) ■ Auswahlprozesse und Besetzung ganzer Hierarchieebenen z. B. nach Fusionen
Potenzial-AC	Der Kandidat für eine Karriereentwicklung ist benannt. Es soll ermittelt werden, an welchen Stellen noch konkreter Entwicklungsbedarf besteht. Typisch bei Kronprinzen.	■ Managementnachwuchs, Nachwuchskräftepool ■ Auflegen eines Entwicklungsprogramms für spezielle Funktionen oder Hierarchieebenen bei starken Veränderungen der Anforderungen oder nach Umstrukturierungen
Evaluations-AC	Zur Qualitätssicherung von Entwicklungsprogrammen im Zusammenhang von Potenzial-ACs	Zur Qualitätssicherung von Entwicklungsprogrammen im Zusammenhang von Potenzial-ACs
Team-AC	xx	Dient als Basis zur detaillierten Diagnose, welche Faktoren die Teamperformance behindern

4.4 Weiterentwicklungen der AC-Methode

Es wurde bereits dargestellt, dass die Sicherheit von Aussagen über zukünftiges Verhalten umso größer wird, je stärker sich die beobachtete Situation an der Funktion orientiert, die später für die Bewertung eines Erfolges bei der Auswahl zugrunde gelegt wird. Dieser Aussage folgend lassen sich durch Beobachtung in den realen Situationen die sichersten Prognosen treffen, was jedoch nicht durchführbar ist, da reale Situationen als strukturierte Beobachtungssituationen kaum zu gestalten sind. Ferner bleibt die Fragestellung, ob und wie von dem beobachteten Potenzial auf das Entwicklungspotenzial geschlossen werden kann. Entwicklungen der AC-Methode orientieren sich an diesen beiden Fragestellungen. Zum einen wird nach Formen gesucht, die eine noch bessere Übertragung der Beobachtungssituation auf die Realität ermöglichen, und zum andern wird nach Techniken gesucht, fundierte Aussagen über das Entwicklungspotenzial zu erhalten.

Anfang der 70er Jahre wurde bereits formuliert, dass schon die Teilnahme an einem Assessment Center wertvolle Lernerfahrungen für die Teilnehmer liefern könne. Aber erst seit Anfang der 90er Jahre gibt es unter dem Stichwort Dynamisierung die ersten Ansätze, diese Entwicklungsprozesse schon während des Assessment Centers abzubilden und beobachtbar zu machen.[48] Hierbei existieren verschiedene Arten der Dynamisierung.

Tabelle 15: *Dynamisierungsarten von ACs*

Dynamisierungs-richtung	**Bemerkung**
Rolle	Teilnehmer gehen zum Teil in die Beobachterrolle, in dem sie anderen Teilnehmern Rückmeldung über ihre eigenen Verhaltensbeobachtungen machen
Lerneffekt	Einbau von Rückkopplungsschleifen bis hin zum Einbau von Trainingssequenzen, Entwicklungs-AC, Development Center, Lernpotenzial-AC
Inhaltlicher Zusammenhang	Gestaltung des Assessment Centers als Planspiel, daher keine Aneinanderreihung einzelner zusammenhangloser Übungssituationen, sondern Verfolgung einer „Story", Planspiele
Ort	Verlagerung des Assessment Centers in die reale Alltagssituation, Themenzentriertes-AC, AC on the Job, Real-Life-Assessment

48 Klebl, U. (2006), S. 7

Den Zweck einer Statusdiagnostik, also einen Soll-Ist-Abgleich zwischen vorhandenem Potenzial und Anforderungen, erfüllt das Assessment Center. Die Prognosefunktion wurde bisher nicht ausreichend erfüllt. Daher geht der Trend eindeutig weg von der klassischen Statusdiagnostik, denn sie liefert nur wenig Sicherheit hinsichtlich des Entwicklungspotenzials.

Bei der Potenzialdiagnostik wird die Entwicklungsfähigkeit gemessen. Feedback-Schleifen und Interventionen werden in ein Assessment Center eingebaut. Dadurch kann die Anpassungsfähigkeit an neue Situationen aufgezeigt werden. Grundvoraussetzung für eine Potenzialdiagnostik ist jedoch die Statusdiagnostik.[49] Diese Methode gilt es nun weiterzuentwickeln, um im Prozess eines Assessment Centers im Rahmen einer Prozessdiagnostik eine Prognose über das Entwicklungspotenzial abzuleiten.

Eine Form ist hierbei das **Entwicklungs-AC.** Er wird auch **Development Center** oder **Lernpotenzial-AC** genannt und meist gezielt zur Karrierenentwicklung von Mitarbeitern eingesetzt.

> „A development centre is the use of assessment centre technology for the identification of individual strengths and weaknesses, in order to diagnose developmental needs which will facilitate more effective job performance and/or career advancement, which in turn contributes to the attainment of greater organizational success."[50]

Diese AC-Variante unterscheidet sich dadurch, dass die Teilnehmer schon während der Durchführung nach einzelnen Übungen eine Rückmeldung über das beobachtete Verhalten und Hinweise für Verhaltensänderungen bekommen. Dieses Feedback kann auf unterschiedliche Art erfolgen. Es reicht von einem Feedback-Gespräch über eine Videoanalyse bis hin zu einer kurzen Trainingssequenz. In einer erneuten vergleichbaren Übung kann dann im weiteren Verlauf beobachtet werden, inwieweit der einzelne Teilnehmer auf diese Intervention reagiert und damit einen Anpassungs- bzw. Lerneffekt zeigt. Aus der Art und Weise der Annahme und Umsetzung der Anregungen lassen sich Rückschlüsse auf das Entwicklungspotenzial ziehen. Also darauf, wie schnell eine Person auf neue Herausforderungen mit angepassten und geeigneten Verhaltensmustern reagieren kann.

Diese AC-Methode nimmt erheblich mehr Zeit in Anspruch als die herkömmlichen Formen. Sie kann sich über eine ganze Woche erstrecken.[51] Es handelt sich dabei um eine erhebliche zeitliche Investition. Da aber bereits während des Assessment Centers Trainingsphasen eingebaut sind, relativiert sich der Aufwand wieder. Denn diese Trainingsphasen würden ohnehin nach Abschluss des Assessment Centers eingeleitet werden. Da hier das Training problemspezifisch erfolgt, kann es viel komprimierter durchgeführt werden und nachhaltig wirken. Das Transparenzprinzip wird bei einem Lernpotenzial-AC großgeschrieben. Im Vorfeld findet im Rahmen eines Teilnehmer-Workshops eine umfassende Information über Aufbau, Inhalte und Ziele des Assessment Centers statt. Hierbei werden offene Fragen geklärt

49 Trauernicht, K. (2001), S. 47
50 Klebl, U. (2006), S. 14
51 Sarges, W. (Hrsg) (2001), S. 113

und dargelegt, warum die Teilnehmer zu dem Personenkreis im AC zählen. Ziel dieses ersten Workshops ist es, die Teilnehmer auf das Instrument einzustimmen und mögliche Störungen durch Informationsdefizite und Ängste so gering wie möglich zu halten.

Zwei Variationsmöglichkeiten existieren bezüglich der aktiven Einbeziehung der Teilnehmer in eine Beobachterrolle im Rahmen von Lernpotenzial-ACs:

- Zeitweise übernehmen die Teilnehmer selbst die Rolle von Beobachtern. Nach dem Beobachten und Bewerten anderer Teilnehmer müssen sie den beobachteten Teilnehmern Feedback geben können.
- In einer weiteren Variante schreibt der Teilnehmer sein eigenes Gutachten und setzt sich so aktiv im Rahmen der Formulierung mit seinem Stärken-Schwächen-Profil auseinander.

Eine weitere AC-Dynamisierungsrichtung stellen **Planspiele** dar. Hierbei besteht ein Planspiel-AC, wie jedes andere Assessment Center auch, aus verschiedenen Übungen. Diese sind eingebunden in ein ganzheitliches Szenario, welches sich thematisch durch das gesamte Assessment Center zieht. Die Teilnehmer übernehmen hierbei vordefinierte Rollen und spielen „gegeneinander". Sie vertreten somit unterschiedliche Interessen: wie echte Funktionsinhaber in einer Organisation. Die Aufgaben spiegeln die Komplexität der Funktionen im Rahmen eines Unternehmens wider. Die einzelnen Übungen sind durch Phasen der Selbstreflexion und Feedback-Schleifen voneinander abgegrenzt. Insbesondere sollen die Anpassungsfähigkeit und Lernfähigkeit innerhalb des Assessment Centers unter möglichst realen Bedingungen beobachtet werden. Hieraus wird dann eine Aussage über das Entwicklungspotenzial getroffen.[52] Dabei erhalten die Teilnehmer nicht nur ein Feedback von den Beobachtern über ihr Verhalten. Im Rahmen des Unternehmensplanspiels gibt es zudem laufend Rückmeldungen über den Erfolg oder Misserfolg der eigenen Entscheidungen im unternehmerischen Sinne. Diese Planspielvarianten werden aufgrund ihrer Komplexität zunehmend mit computergestützten Anwendungen verknüpft.

Das Endziel ist es, in realen Situationen Verhaltensbeobachtungen durchzuführen. Diese Ansätze sind unter dem Namen **Themenzentriertes-AC, AC on the Job** und **Real-Life-Assessment** bekannt.[53] Dabei wird die Beobachtungssituation aus der Laborsituation in den realen Unternehmensalltag verlagert. Die Schwierigkeit ist das Auffinden und Gestalten geeigneter Situationen. Sie müssen komprimiert und abgrenzbar genug sein, um nur die Verhaltensweisen zu beobachten, die man beobachten möchte. Außerdem sind hierbei Kompromisse bei der Teilnehmerzusammenstellung zu machen. Schwierig ist es, die Natürlichkeit der Situation zu bewahren und die Situation gegen ungewollte Störungen abzuschotten. Insbesondere können Teams oder Projektgruppen im Fokus stehen. Aber auch im Rahmen von Coachings und Supervisionskonzepten können diese Ansätze zum Teil umgesetzt werden. Dabei liegt der Fokus jedoch immer auf der Potenzialentwicklung und nicht auf der Personalauswahl. Die hier angeführten AC-Varianten sind eher unternehmensintern als extern gestaltbar.

52 Trauernicht, K.(2001), S. 49-50
53 Durnwalder, K. (Hrsg) (2001), S. 13

Kernaussagen zum Assessment Center:

- ✘ Ein Assessment Center ist ein multimodales Verfahren zur Personalauswahl und Potenzialermittlung, bei dem mehrere Beobachter in einer strukturierten Vorgehensweise in verschiedenen anforderungsspezifischen Situationen nach definierten Anforderungen Verhalten beobachten und im Anschluss bewerten.
- ✘ Ein Assessment Center kann für einzelne oder mehrere Teilnehmer durchgeführt werden.
- ✘ Es kann zur Auswahl, zur Potenzialermittlung, zur Evaluation von Lernerfolgen sowie zur Teamdiagnose und -entwicklung genutzt werden.
- ✘ Im Rahmen einer AC-Durchführung werden die Funktion, die Anforderungen, das Verhalten und die Bewertung sowie die der Bewertung zugrunde liegenden Bewertungsmaßstäbe transparent.
- ✘ In den weiterentwickelten, dynamisierten Varianten wird zum einen versucht, die Beobachtungssituation noch realistischer zu gestalten und zum anderen Feedback-Schleifen einzubauen, um das Lernpotenzial und damit das Entwicklungspotenzial zu ermitteln.
- ✘ Das AC-Verfahren ist unter Gesichtspunkten eines Risikomanagements die sicherste Methode zum Treffen von Personalentscheidungen.

5. Grundsätze der Assessment Center-Methode

Bei der Planung, Durchführung und Auswertung von Assessment Centern sind neun Grundsätze zu berücksichtigen.[54] Diese können als Qualitätsmerkmale bezeichnet werden, an denen Sie die Güte von Assessment Centern in der Planung, Durchführung und Auswertung messen können. Die Einhaltung der Grundsätze dient der Qualitätssicherung für Ihren Personalentscheidungsprozess. Im Rahmen Ihres Risikomanagements ist diesen Grundsätzen unbedingt Beachtung zu schenken. Sie können in folgende drei Gruppen kategorisiert werden:

- Fokus Funktion
- Fokus Beteiligte
- Fokus Prozess

54 Arbeitskreis Assessment Center (Hrsg.) (1995), S. 60 ff.

5.1 Fokus Funktion

Die Anforderungsorientierung: Die AC-Übungen müssen sich an den Anforderungen der Funktion orientieren, für die eine Auswahl getroffen werden soll. Diese Funktion ist exakt zu definieren. Es sind alle erfolgskritischen Anforderungen zu ermitteln und deren Merkmale zu beschreiben. Für diese erfolgskritischen Anforderungsmerkmale ist in einem weiteren Schritt das Verhalten zu beschreiben, welches Rückschlüsse auf die Anforderungskonformität gibt. Nur wenn die Verhaltensmerkmale auf Basis der Anforderungen ermittelt und beschrieben sind, kann deren Beobachtung und Messung erfolgen. Nur dann kann auch die anforderungsspezifische Eignung von Personen für eine Funktion festgestellt werden.

Das Simulationsprinzip: Situationen sind durchzuspielen und nicht nur zu durchdenken. Es erfolgt kein „was wäre wenn-Prinzip" wie in Interviews. Darüber nachzudenken, was man tun würde und tatsächliches Handeln in der konkreten Situation, sind zwei unterschiedliche Paar Schuhe. Das haben Sie sicher auch schon an sich persönlich erlebt. Die erste Hürde sind dabei häufig unser „innerer Schweinehund" sowie Ängste, die uns vor der Ausübung zuvor angekündigter Handlungen abhalten.

Die Übungen müssen konkrete Alltagssituationen der Funktion abbilden, für deren Eignung eine Aussage getroffen werden soll. Die Zusammensetzung der Übungen (Abdeckung aller relevanten Situationen) und deren Häufigkeit (Gewichtung im Alltag) sollten der Realität entsprechen. Je realistischer eine Übung gestaltet wird, umso schneller verliert diese AC-Übung ihre Laborsituation. Damit nähern sich die Verhaltensweisen der unter Alltagsbedingungen gezeigten Verhaltensweisen an. Kandidaten zeigen dann ihr authentisches Verhalten.

Die Verhaltensorientierung: Ausgangspunkt für eine Bewertung ist das Verhalten der Teilnehmer in den einzelnen Übungen. Hierbei wird nicht das gesamte Verhalten beobachtet. Es werden vielmehr nur die Verhaltensmerkmale bewertet, die für die erfolgreiche Bewältigung der jeweiligen Übungssituation als erfolgskritisch angesehen werden und die die Übereinstimmung mit den spezifischen Anforderungen der Situation wiedergeben. Im Vorfeld ist zu definieren, wie situationsspezifisches Verhalten aussehen sollte. Aus dem Vergleich zwischen dem beobachteten Verhalten und dem Soll-Verhalten entsteht dann am Ende der Übung eine Bewertung. Wichtig ist, dass das beobachtete Verhalten „roh" aufgeschrieben und nicht sofort interpretiert wird. (z. B. beobachtet werden „schnelle Bewegungen", aufgeschrieben wird „hektische Bewegungen" oder „bewegt sich hektisch" oder gar „ist hektisch"). Beobachtung und Bewertung sind strikt voneinander zu trennen. Sie erfolgen in zwei getrennten, zeitlich aufeinanderfolgenden Schritten.

5.2 Fokus Beteiligte

Das Prinzip der kontrollierten Subjektivität: Jeder beobachtet und bewertet vor dem Hintergrund seiner eigenen Erfahrungen. Damit ist ein Beurteilungsprozess immer subjektiv. Das ist auch in einem Assessment Center nicht anders. Durch das Definieren von Verhaltensankern für die Beurteilungskriterien und den sehr schematischen Prozess von der Beobachtung zur Bewertung sind jedoch immer wieder Kontrollpunkte eingebaut, an denen die Korrektur subjektiver Einflussfaktoren erfolgen kann. Weitere Qualitätsbausteine, um eine intersubjektive Nachprüfbarkeit sicherzustellen, sind:

- Intensive Vorbereitung oder Schulung aller Beobachter
- Moderation durch einen erfahrenen externen AC-Berater
- Ein Beobachter sollte nie mehr als drei Teilnehmer beobachten
- Ein Beobachter sollte nie mehr als fünf Anforderungsmerkmale pro Teilnehmer beobachten
- Ein Teilnehmer sollte jede vergleichbare Übung zweimal durchlaufen
- Jedes Merkmal sollte im Rahmen des Assessment Centers mindestens zweimal pro Teilnehmer beobachtet werden (in unterschiedlichen Übungssituationen)
- Jedes Merkmal sollte von unterschiedlichen (Wechsel der Beobachter in den unterschiedlichen Übungen) oder sogar mehreren Beobachtern (Mehrfachbeobachtung im Rahmen einer Übung) beobachtet werden
- Das zahlenmäßige Verhältnis Kandidaten zu Beobachtern sollte 2:1 sein. Bei acht Kandidaten empfiehlt sich folgende Konstellation: zwei bis drei interne Beobachter (in der Führungshierarchie zwei Stufen über der Position, für die die Kandidaten vorgesehen sind) und ein bis zwei externe Beobachter (Psychologen, erfahrene Personalberater).

Das Transparenzprinzip: Alle Beteiligten sollen ihre gesamte Aufmerksamkeit auf die ihnen zugewiesenen Rollen fokussieren können. Informationsdefizite lassen Fragen entstehen, provozieren Ängste und lenken die Beteiligten ab. Damit werden Ressourcen gebunden, die nicht in die Bewältigung der Übungssituation einfließen können. Das beeinflusst die jeweilige Aufgabenwahrnehmung als Beobachter, Moderator oder Teilnehmer. Dies fängt bei Informationen über die bereitgestellte Infrastruktur und den AC-Ablauf an und hört bei der eindeutig und klar formulierten Aufgabenstellung auf. Insbesondere die Aufgabenstellung darf keinen ungewollten Interpretationsspielraum bieten. Denn das würde das zu beobachtende Verhalten zu stark beeinflussen und verzerren. Weitere Aspekte sind:

- Rechtzeitige Information der Kandidaten über die AC-Durchführung
- Erläuterung der Zielstelle einer AC-Teilnahme

- Erläuterung der Auswahlentscheidung für eine AC-Teilnahme (Gründe)

Das Transparenzprinzip umfasst nicht die Information der Teilnehmer über die konkrete Zielsetzung, die mit den einzelnen Übungen verfolgt wird. Ein Verstoß gegen diesen Grundsatz besteht jedoch dann, wenn Beobachtungen in eindeutig angekündigten Pausenzeiten erfolgen.

Das Individualitätsprinzip: Der volle Nutzen eines Assessment Centers entfaltet sich nur, wenn die Ergebnisse individuell verwertbar sind und auch entsprechend gewürdigt werden. Die Ergebnisse dürfen nicht durch eine Mittelwertbildung verwässert bzw. egalisiert werden. Gerade die „Ausreißer" der Daten bieten bei genauer Analyse wertvolle Anknüpfungspunkte zur Einleitung konkreter Maßnahmen. Weitere Aspekte sind:

- Protokollierung der Beobachtungen pro Teilnehmer und Übung. Zusammenfassen der Bewertungen pro Teilnehmer auf einer Auswertungsmatrix. Besondere Beachtung von Werten, die „aus dem Rahmen" fallen.
- Rückmeldung der Beobachtungen und Bewertungen an die Kandidaten durch einen oder zwei Beobachter in einem individuellen Gespräch auf der Basis aller Beobachtungen und Bewertungen
- Protokollierung der Gesprächsergebnisse (zumindest in Stichworten) als wichtige Grundlage für die Erarbeitung von individuellen Personalentwicklungsmaßnahmen

Die detaillierte individuelle Rückmeldung ist **die** Grundlage für die Teilnehmer, um Lern- und Entwicklungsprozesse einleiten zu können.

5.3 Fokus Prozess

Das Systemprinzip: Assessment Center sind in das Gesamtsystem aus Personal- und Organisationsentwicklungsmaßnahmen einzubetten, in dessen Rahmen sie genutzt werden. Dies umfasst die Vorauswahl für die Teilnehmer, die Gestaltung der Übungen und das Treffen von Entscheidungen bei einem Auswahl-AC bzw. die Einleitung von Qualifizierungsmaßnahmen bei einem Potenzial-AC bzw. den Abgleich von Veränderungen bei einem Evaluations-AC. Hier bieten personalwirtschaftliche Instrumente den Input für und erhalten den Output aus dem Assessment Center.

Die Lernorientierung: Ein Assessment Center ist fortwährend auf seine Güte und Qualität zu prüfen. Im Vorwege ist es in einem Probelauf im Rahmen der Beurteilerschulung zumindest ansatzweise durchzuspielen. Nach jedem Assessment Center sollten sowohl logistische (Organisation, Ablauf) als auch die anforderungsrelevanten (Veränderungen von Funktionen) Schwachstellen hinterfragt werden. Selbst ein gut funktionierendes AC-Design ist immer wieder darauf hin zu überprüfen, ob sich die Rahmenbedingungen bei einer erneuten Durchführung unter offensichtlich gleichen Bedingungen nicht doch verändert haben. Zur Überprüfung gehört auch die Überprüfung der auf den Ergebnissen getroffenen Auswahlentscheidungen. Dieses ist zwar eine langfristige Betrachtungsweise, jedoch sollte z. B. die Einarbeitungsphasen von ausgewählten Mitarbeitern in eine neue Funktion genau beobachtet werden.

Die organisierte Prozesssteuerung: Dieser Grundsatz umfasst die Festlegung aller Ablaufpläne, Formulare, die Rollenverteilung sowie das exakte Planen und Organisieren der Infrastruktur (Hotel oder Seminarräume in einem Schulungszentrum). Ziel muss es sein, das Risiko von Störungen bei der Durchführung zu minimieren. Wichtig ist vor allem, dass das Assessment Center an einem neutralen Ort und nicht im Unternehmen durchgeführt wird, um Störungen und Abberufungen zu vermeiden.

Entscheidend sind auch die Steuerung des Prozesses und die Moderation der Durchführung. Diese sollte von einem erfahrenen Moderator erfolgen. Dessen Rolle ist mit allen Teilnehmern zu klären und muss von allen Beteiligten akzeptiert werden. Möglicherweise empfiehlt sich sogar die Einrichtung eines Konferenzbüros während der Durchführung.

Die Beachtung dieser „Spielregeln" hat sich für alle AC-Formen als erfolgskritisch herausgestellt. Es kann keiner dieser neun Grundsätze als besonders wichtig hervorgehoben werden. Alle sind wichtig und deren enge Verknüpfung untereinander macht den AC-Erfolg aus. Abschließend ist festzuhalten:

> „Die Ergebnisse chaotischer Entwicklung sind zufällig, erzwungene Ordnung führt (jedoch) nicht zwangsläufig zu wahren Ergebnissen. Organisierte Prozessgestaltung steuert das Assessment Center (aber) durch diese beiden Klippen."[55]

Durch die Offenlegung der Prinzipien bei den AC-Entscheidungen offenbaren sich subjektive (chaotische) Einflussgrößen. Damit werden diese erst beherrschbar. Das deutet darauf hin, dass häufig „gegen die Vernunft" entschieden wird, was jedoch nur solange funktioniert, wie die Entscheidungsparameter nicht offengelegt werden, sondern im Verborgenen bleiben. Im Rahmen eines Assessment Centers erfolgt die regelmäßige Fokussierung auf im Vorfeld gemeinsam festgelegte Entscheidungsparameter automatisch.

Die strenge Ablaufregelung ist noch kein Erfolgsgarant. Aber durch den strukturierten Prozess der situationsspezifischen Anforderungsanalyse und der darauf aufbauenden Definition von Anforderungsmerkmalen und Verhaltensmustern werden Ergebnisse nachvollziehbar, logisch und „wahrer". Wird diese Systematik jedoch verlassen, nutzt alle Vorarbeit nicht. Daher sind „Machtfragen" im Rahmen des Beobachterkreises unbedingt vorher zu klären. Um an dieser Stelle keinen falschen Eindruck zu erwecken: Diese Vorgehensweise gilt auch bei allen anderen Verfahren. Der Unterschied ist nur, dass bei einem Assessment Center die Konflikte ungleich stärker sichtbar werden und damit bearbeitbar sind. Dies mag als Bedrohung wirken. Sie als Anwender und Entscheidungsträger im Unternehmen sollten es jedoch im Gegenteil als Chance begreifen. Dafür sind die Entscheidungen, die Sie treffen, viel zu

55 Arbeitskreis Assessment Center (Hrsg.) (1995), S. 67

ressourcenintensiv, als dass Ihre Investitionen durch unsachgemäßes Vorgehen fehlgeleitet werden dürfen. Betreiben Sie also für Ihre Personalentscheidungen bei der Wahl und Umsetzung Ihres Verfahrens ein umfassendes Risikomanagement.

6. Von der Funktionsbeschreibung zur Übung

Die Beobachtung und anschließende Bewertung von Verhaltensweisen ist Kern eines Assessment Centers. Die Verhaltensmerkmale, die für eine erfolgreiche Bewältigung einer in einer Übung nachzuvollziehenden Alltagssituation maßgeblich sind, müssen im Vorfeld ermittelt werden. Diese Verhaltensmerkmale werden aus Anforderungsmerkmalen abgeleitet. Der Prozess von der Definition der Funktion über die Ableitung von beobachtbaren Verhaltensmerkmalen bis zur Definition von Übungssituationen wird im Folgenden dargestellt.

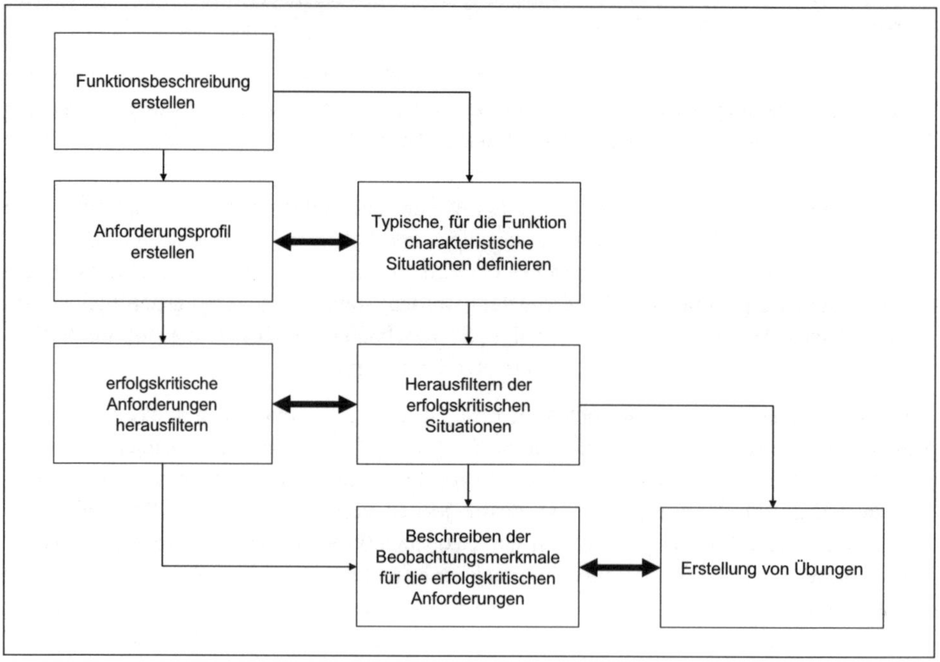

Abbildung 8: *Ableitungsprozess für Beobachtungsmerkmale*

6.1 Die Funktionsbeschreibung

Ausgangsbasis bildet die Erstellung einer Funktionsbeschreibung für entweder eine konkrete Zielfunktion oder allgemein eine Führungsfunktion auf einer nächst höheren Managementebene, ohne dass diese konkret benannt werden kann. Für diese sind dann die Anforderungen zu definieren. In beiden Fällen können die Anforderungen an Funktionsinhaber eindeutig ermittelt und detailliert beschrieben werden.

Eine Funktionsbeschreibung definiert explizit und erschöpfend die Aufgaben eines Funktionsinhabers im Rahmen einer Prozessorganisation. Hieraus lassen sich Anforderungen an Kenntnisse, Erfahrungen, Qualifikationen und sonstige Eigenschaften ableiten. Diese sind in ihrer Ausprägung abhängig von der Strategie und der Management- und Führungsphilosophie eines Unternehmens.[56] So können zwei völlig identische Funktionen in zwei Unternehmen unterschiedliche Anforderungen an Personen stellen, da die Funktionsinhaber unterschiedlich in die gleichen Prozesse eingebunden sind z. B. hinsichtlich ihrer Kompetenzen und Verantwortung für den Prozess. Auch die Unternehmensstrategie und die Positionierung des Unternehmens auf dem Markt und im Wettbewerb haben Auswirkungen auf die Funktion und damit auf die Anforderungen. Ein Unternehmen, welches auf Innovationsführerschaft setzt, hat andere Erwartungen an Kandidaten in vergleichbaren Funktionen als eines, welches auf Kostenführerschaft fokussiert ist.

Im nachfolgenden Beispiel (siehe Abbildung 9) sind die Einzelaufgaben nach Mitwirkungs- und Verantwortlichkeitsgraden gegliedert. Hieraus wird ersichtlich, welchen Handlungsrahmen eine Person in dieser Funktion hat und welche Kompetenzen für eine erfolgreiche Wahrnehmung dabei vorhanden sein müssen.

56 Beer, M./Spector, B./ Lawrence, P. R./Mills, D.Q./Walton, R.E., A conceptual overview of HRM, in: Poole, M. (1999), S. 40

Funktionsbezeichnung: Gruppenleiter Controlling

Hauptfunktion:
Bereitstellung und Wartung betriebswirtschaftlicher Instrumentarien für Planung und Durchführung von Soll-Ist-Vergleichen sowie Ergebniserwartungsrechnungen
Verantwortlich für Kosten- und Ergebnistransparenz

Verantwortlich:

- Verantwortlich für die Bereitstellung und Aufbereitung der innerbetrieblichen Daten für das interne und externe Reporting
- Erstellung der Monats-, Quartals- und Jahresabschlüsse des Unternehmens
- Überwachung der Ist-Entwicklung sowie der Prognose gegenüber den Budgets (Projekte, Gemeinkosten, Investitionen)
- Beitrag zu höherer Wirtschaftlichkeit durch Strategie-, Ergebnis-, Finanz- und Prozesstransparenz
- Betriebswirtschaftliche Aufbereitung von Entscheidungen des Managements
- Anleitung der zugeordneten Mitarbeiter im Sinne der Führungsgrundsätze

Mitwirkung:

- Mitwirkung bei den Monats-, Quartals- und Jahresabschlüssen auf Konzernebene
- Mitwirkung bei der stetigen Weiterentwicklung der Controlling-Instrumente

Spezifische Aufgaben:

- Selbständiges Bearbeiten von Controlling-Projekten
- Controlling innerbetrieblicher Prozesse in enger Zusammenarbeit mit den Fachabteilungen
- Vorbereiten von Make-or-Buy-Entscheidungen

Besondere Verpflichtungen

- Warnhinweise an die Geschäftsführung bei besonderen Daten-Auffälligkeiten
- Vertrauliche Behandlung der im Arbeitsprozess erlangten Daten und Fakten
- Wahrung von Dienstgeheimnissen

Stellenanforderungen (Qualifikation/Fähigkeiten)

- Abgeschlossenes Universitäts- bzw. Fachhochschulstudium der Wirtschaftswissenschaften mit Schwerpunkt Controlling und Rechnungswesen
- Mehrjährige Berufserfahrung im Controlling/Rechnungswesen
- Erfahrungen mit Unternehmensabschlüssen (HGB, US-GAAP, IFRS)
- Projektmanagementkenntnisse
- Beherrschen der einschlägigen Standardsoftware (MS Office, SAP-Module)
- Englischkenntnisse in Wort und Schrift

***Abbildung 9:** Beispiel einer Funktionsbeschreibung*

6.2 Das Anforderungsprofil

Das Anforderungsprofil wird aus einer Funktionsbeschreibung abgeleitet. Es enthält sämtliche Anforderungen und Erwartungen, die das Personalmanagement an den Mitarbeiter der zu besetzenden Stelle richtet.

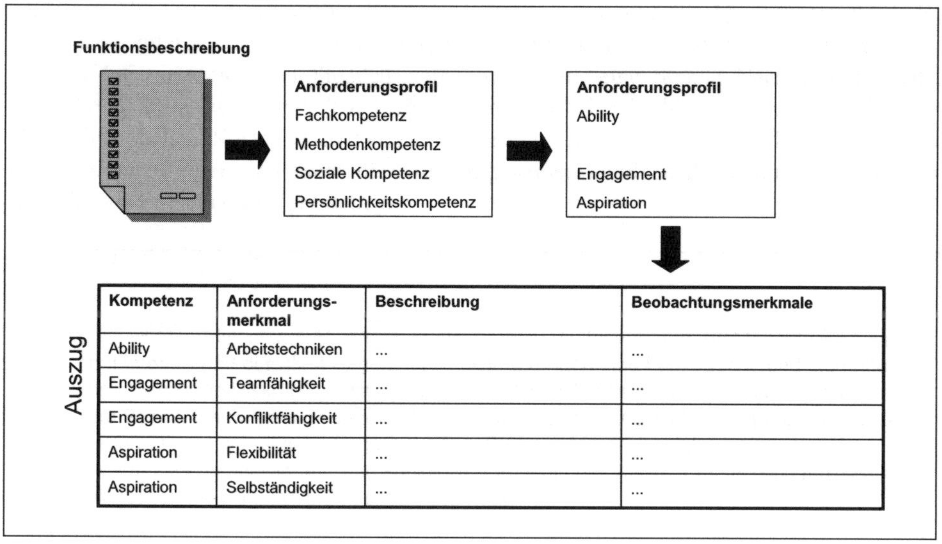

Abbildung 10: *Ableitung von Anforderungsmerkmalen*

Anforderungsmerkmale können zu Kompetenzbereichen zusammengefasst werden. Klassisch sind dies die Fachkompetenz, die Methodenkompetenz, die soziale Kompetenz und die Persönlichkeitskompetenz (Soft Skills).

Tabelle 16: *Kompetenzmatrix*

Kompetenz	Beschreibung	Kompetenz	Beschreibung
Fachkompetenz	Fertigkeiten, Faktenwissen, Ausbildungen.	Ability	Vermögen, etwas tun zu können. Wissen, Fähigkeiten, Kenntnisse, Methoden (auch Kommunikationsfähigkeiten), Prozesswissen.
Methodenkompetenz	Analysefähigkeiten, Fähigkeiten, Wissen effektiv sowie effizient anzuwenden.		

Kompetenz	Beschreibung	Kompetenz	Beschreibung
Soziale Kompetenz	Fähigkeit, auf emotionaler Ebene in Beziehungen erfolgreich zu agieren und auf andere einstellen zu können, Empathie.	Engagement	Emotionale und rationale Bindung des Mitarbeiters an das Unternehmen,, ,der Wille, sich über das Maß des Notwendigen einzubringen, die konkrete Absicht des Mitarbeiters, im Unternehmen zu verbleiben.
Persönlichkeitskompetenzen	Persönlichkeitseigenschaften, die den Charakter des Mitarbeiters beschreiben und Determinanten für sein gesamtes Handeln und seine Motivationslage sind, sich im Unternehmen zu engagieren.	Aspiration	Antriebsfeder des Mitarbeiters, sich in das Unternehmen einzubringen, Streben nach Status und Anerkennung, Entwicklungsmöglichkeiten und Möglichkeiten der Einflussnahme, finanzielle Anreize, das Verbinden von Arbeit und Freizeit (Work-Life-Balance) und die allgemeine Lust an Arbeit und Leistung.

Wie wichtig professionelle Auswahlentscheidungen im Rahmen von Nachfolge- und Karriereplanungen sind, wird in einer empirischen Untersuchung des Corporate Leadership Councils deutlich.[57] Danach ist die Zahl der Mitarbeiter auf einem Hierarchie-Level, die mit einer hohen Wahrscheinlichkeit eine Funktion auf einer höheren Hierarchieebene des Unternehmens übernehmen können, begrenzt. Ihr Anteil nimmt mit steigendem Hierarchie-Level ständig ab. Mit anderen Worten: In der Spitze ist es sehr eng. Für einen Aufstieg dorthin haben nur sehr wenige Mitarbeiter das erforderliche Potenzial; es muss gegebenenfalls zusätzlich externes Potenzial gewonnen werden.

In der oben angeführten Untersuchung wurde offensichtlich, dass herkömmliche Indikatoren, die zur Selektion benutzt werden, keine signifikante Verbesserung der Prognose für eine erfolgreiche Funktionsübernahme erbringen. Zum Beispiel stieg die Erfolgswahrscheinlichkeit bei Mitarbeitern mit langer Betriebszugehörigkeit nicht an. Auch Mitarbeiter, die als gute Führungskräfte eingestuft wurden, hatten nur einen Prognosewert von 17,2 Prozent Erfolgswahrscheinlichkeit ($r = 0,13$). Mitarbeiter, die aufgrund ihrer Arbeitsleistungen ausgewählt worden waren, erreichten ebenfalls nur einen wenig befriedigenden Prognosewert von 28,7 Prozent Erfolgsaussicht ($r = 0,17$) auf eine erfolgreiche Funktionsübernahme auf dem nächst höheren Level. Hier ist erkennbar, dass diagnostische Verfahren, die nur auf wenige Kriterien oder Leistungsindikatoren abzielen, zu kurz greifen.

Wie ist für Sie nun aber erkennbar, dass ein Kandidat mit hoher Wahrscheinlichkeit Ihre in ihn gesetzten Hoffnungen erfüllt? Hier ist es wichtig, dass Sie sich ein genaues Bild der Anforderungen machen. Mit diesen Anforderungen sind dann die Kandidaten abzugleichen. Im Rahmen einer Entscheidung über die Eignung ist die Beantwortung von drei Fragen für Sie essenziell:

57 Corporate Leadership Council, Bedington, T. (2005)

- Kann der Kandidat die Funktion ausfüllen (Ability)?
- Wie wird der Kandidat die Funktion bewältigen (Engagement)?
- Strebt der Kandidat diese Karriere überhaupt an (Aspiration)?

Es geht neben der Ermittlung der vorhandenen Fähigkeiten eines Kandidaten um die Ermittlung des Entwicklungspotentials. Dieses umfasst auch den Willen, vorhandenes Potenzial einzubringen und zu entwickeln. Hier bietet sich die folgende "Übersetzung" des klassischen Kompetenzmodells an:[58]

- Die **Ability** ist das Vermögen, etwas tun zu können. Sie umfasst Wissen, Fähigkeiten, Kenntnisse, Methoden und Prozesswissen. Diese sind in vielen Bereichen direkt abprüfbar. Hierzu zählen auch das Hinterfragen oder Bewerten von Konzepten und Strategien des Unternehmens und das Vermögen, dieses mit anderen Informationen zu benchmarken. Im Sinne des Anforderungsprofils umfasst Ability die Fach- und die Methodenkompetenz. Auch Teile der sozialen Kompetenz, sofern es um Techniken und Methoden geht, interpersonelle und gruppendynamische Prozesse zu erfassen (Empathie) und zu steuern (emotionale Intelligenz) sind umfasst. Die Kernfrage, die Sie am Ende zu diesem Kompetenzfeld beantworten müssen, lautet: Kann der Kandidat auf Grund seiner Skills die Anforderungen der Funktion erfüllen?
- Das **Engagement** gibt den Grad der Bindung des Mitarbeiters an ein Unternehmen an. Hierzu gehören die emotionale Bindung des Mitarbeiters an das Unternehmen (der Glaube an und die Wertschätzung für das Unternehmen), die rationale Bindung (Kalkül des Eigennutzens, in der Organisation zu verbleiben), der Wille, sich in Prozesse auch über das Maß des Notwendigen einzubringen, Vorbildfunktion zu übernehmen, und die konkrete Absicht des Mitarbeiters, im Unternehmen zu verbleiben. Im Sinne des Anforderungsprofils umfasst Engagement die soziale Kompetenz. Die Kernfrage, die Sie am Ende zu diesem Kompetenzfeld beantworten müssen, lautet: Wie nachhaltig und druckvoll wird der Kandidat die Anforderungen der Funktion erfüllen?
- Die **Aspiration** ist die Antriebsfeder des Mitarbeiters, sich in Prozesse und damit in ein Unternehmen einzubringen. Hierzu gehören das Streben nach Status und Anerkennung, Entwicklungsmöglichkeiten und Möglichkeiten der Einflussnahme, finanzielle Anreize, das Verbinden von Arbeit und Freizeit (Work-Life-Balance) und die allgemeine Lust an Arbeit und Leistung. Im Sinne des Anforderungsprofils umfasst Aspiration die Persönlichkeitskompetenz. Die Kernfrage, die Sie am Ende zu diesem Kompetenzfeld beantworten müssen, lautet: Ist der mit der Funktion verbundene Anreiz für den Kandidaten ausreichend motivierend? Will der Kandidat die Anforderungen der Funktion erfüllen?

Die Darstellung zeigt, dass diese drei Kompetenzbereiche sehr facettenreich sind. Zur genauen Beschreibung sind sie mit konkreten Anforderungsmerkmalen zu unterlegen. Hier bietet es sich an, einen Standardkatalog für Anforderungsmerkmale zu entwickeln. In der Regel existiert in jedem Unternehmen ein Grundschema bzw. ein Katalog beschriebener Anforderungen

58 Corporate Leadership Council, Bedington, T. (2005), S. 5

in Form eines Beurteilungsbogens. Auf diesem Formular sind Anforderungen aufgelistet und beschrieben, die von Vorgesetzten zu bewerten sind. Nicht alle Bewertungspunkte sind für die jeweilige Stelle gleich relevant oder explizit bewertbar. Die vorhandene Struktur und Beschreibung der Anforderungen kann aber als Ausgangsbasis genutzt werden, um hieraus das spezifische Anforderungsprofil zusammenzustellen und zu beschreiben. Die vorhandenen Grunddefinitionen müssen dazu verfeinert bzw. ergänzt werden. In Tabelle 17 sind hierzu Beispiele angegeben.

***Tabelle 17:** Beispiel für Anforderungsmerkmale*

Kompetenz	Anforderungs-merkmal	Beschreibung	Beobachtungs-merkmale
Engagement	Verantwortungsbereitschaft	Übernimmt Verantwortung. Ist bereit und fähig, ein erkanntes Risiko zu übernehmen und die daraus resultierenden Konsequenzen zu tragen.	
Engagement	Teamfähigkeit	Schafft ein konstruktives Arbeitsklima und trägt aktiv zur produktiven Zusammenarbeit bei. Informiert Betroffene und Beteiligte. Beachtet Vorschläge anderer durch ernsthafte Prüfung und Diskussion.	
Aspiration	Führungsfähigkeit	Motiviert und unterstützt seine Mitarbeiter bei der Erreichung gemeinsamer Ziele. Zeigt Autorität, Integrität und Glaubwürdigkeit. Führt durch persönliches Vorleben. Setzt Mitarbeiter unter Berücksichtigung von Stärken und Schwächen des Einzelnen richtig ein. Kontrolliert in angemessener Form Arbeitsfortschritt und Ergebnisse.	
Ability	Kommunikationsfähigkeit	Ist in der Lage, unter Einhaltung von Kommunikationsregeln Sachverhalte und Emotionen klar und verständlich auszutauschen.	
Engagement	Konfliktfähigkeit	Ist in der Lage, eine Auseinandersetzung mit einer anderen Person oder einer Gruppe aufzunehmen und bis zu einem Kompromiss bzw. bis zu einer Problemlösung durchzustehen.	
Ability	Kritikfähigkeit	Gibt Feedback auf angemessene und vernünftige Weise. Nimmt Feedback sachlich, ruhig und emotional distanziert an, reflektiert und reagiert bei Berechtigung entsprechend darauf.	

Kompetenz	Anforderungs-merkmal	Beschreibung	Beobachtungs-merkmale
Ability	Empathie /Perspektivenwechsel	Kann sich in die Gedanken, Gefühle, die Lage und das Weltbild anderer versetzen.	
Engagement	Verhandlungs-geschick/Überzeu-gungs- und Durchsetzungs-kraft	Verhandelt erfolgreich. Überzeugt andere von Zielen und Ideen. Setzt eigene Ziele und Ideen ggf. geschickt gegen Widerstände durch. Bezwingt Widerstände durch sicheres Auftreten und fundierte Argumentation.	
Ability	Networking-Kompetenz	Baut Kontakte und Kontaktnetzwerke auf bzw. aus und nutzt diese gezielt.	
Ability	Interkulturelle Kompetenz	Ist bereit und fähig, angemessen in fremden kulturellen Kontexten zu agieren. Kennt fremde Verhaltenskodizes.	

Bei der Erstellung eines Anforderungsprofils aus einer Funktionsbeschreibung können eine Reihe von Anforderungsmerkmalen definiert werden. Je detaillierter die Merkmale einzelne Anforderungen beschreiben, desto größer ist deren Anzahl. Hierbei ist jedoch die Frage zu stellen, ob diese einzelnen Anforderungsmerkmale noch sinnvoll gegeneinander abgrenzbar sind und inwieweit die Interdependenzen zu anderen Anforderungsmerkmalen ein Zusammenfassen sinnvoll erscheinen lassen. Ferner muss es möglich sein, Anforderungsmerkmale eindeutig beobachten zu können.

Nicht alle Anforderungsmerkmale sind gleich wichtig. Vor dem Hintergrund der Funktionsbeschreibung kann ermittelt werden, welche Anforderungskriterien welchen Stellenwert besitzen. Nur diese sollten im Weiteren betrachtet werden.

Werden die Relevanz und damit die Wichtigkeit von Kompetenzmerkmalen und deren individueller Ausprägungsgrad bei den Kandidaten übereinandergelegt, entsteht das in Abbildung 11 dargestellte Koordinatensystem. Die Quadranten III und IV geben die Kompetenzen an, die nicht für die Besetzung einer Funktion relevant sind. Die in den Quadranten I und II eingeordneten Kompetenzen sind hingegen relevant.

Die Quadranten II und III geben an, welche Kompetenzen gering, die Quadranten I und IV, welche Kompetenzen bei Kandidaten hoch ausgeprägt sind. Verfügt ein Mitarbeiter über ein hohes Potenzial an Kompetenzen, die nicht relevant sind (Quadrant IV), so stellen diese Kompetenzen ein Potenzial dar, welches bei der Funktion nicht genutzt werden würde, aber dennoch jederzeit abrufbar wäre.

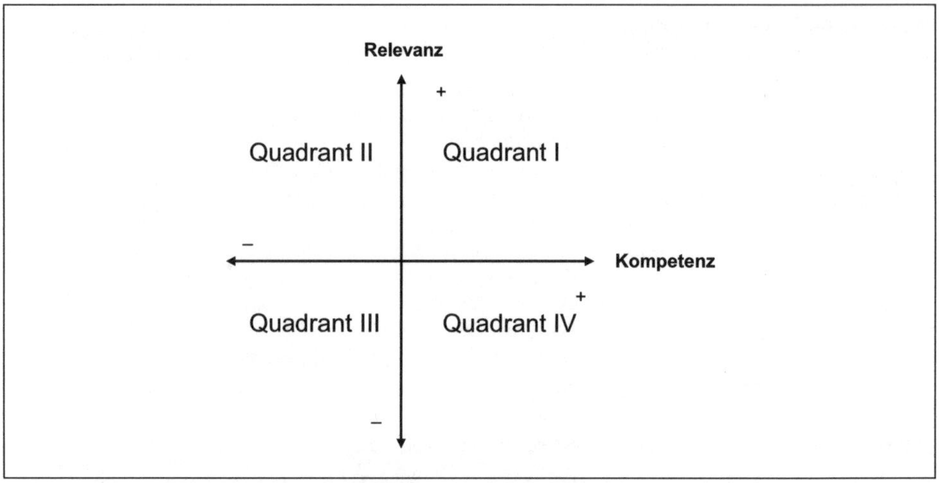

Abbildung 11: *Zusammenhang von Kompetenz und Relevanz*[59]

Entscheidend für die Fragestellung nach der Eignung sind nur die Kompetenzmerkmale, die auch relevant sind (Quadranten I und II). Alle anderen sind „nice to have", sollten aber bei der Ableitung des Anforderungsprofils und der Verhaltensmerkmale nicht weiter betrachtet werden, da sonst das Verfahren überfrachtet wird. Zur Methode der Ermittlung der wichtigen Anforderungsmerkmale folgen im Teil I, Kapitel 6.3 weitere Ausführungen.

Im Rahmen des Beurteilungsprozesses verdient der Quadrant II besondere Beachtung. Dort sind wichtige Kompetenzen nicht in der notwendigen Relevanz ausgeprägt. Hier ist eine Aussage zu treffen, inwieweit diese überhaupt bzw. innerhalb kurzer Zeit mit vertretbarem Aufwand erlangt werden können. Dieser Zusammenhang ist in Abbildung 12 dargestellt.

Positiv sind die Quadranten I und II zu betrachten. Bei Quadrant II sind die derzeitigen Kompetenzen zwar noch nicht hoch ausgeprägt, aber das Entwicklungspotenzial, diese zu erlangen, ist vorhanden. Es bedarf allerdings größerer Anstrengung als in Quadrant I, da dort bereits ein solider Sockel an Kompetenzen vorhanden ist.

Kommen wie im Quadranten III eine geringe Kompetenzausprägung und eine geringe Potenzialausprägung im Sinne von Entwicklungspotenzial oder Leistungsreserve zusammen, so ist eine negative Entwicklungsprognose unausweichlich.

Kritisch ist ebenso der Quadrant IV. Dort gibt es eine erhebliche Leistungsreserve in Form einer hohen Kompetenzausprägung, die noch nicht umfänglich abgefordert wird. Aber das Potenzial einer weiteren Entwicklung ist nur wenig ausgeprägt. Das kann man auch als Ende der Karriereleiter betrachten: zumindest für den Augenblick. Jede weitere Beförderung würde die Person über das Maß ihrer Kompetenzstufe in eine Situation hieven, in der sie unweigerlich scheitern müsste (Peter-Prinzip).

59 Aldering, C. (2006), S. 193

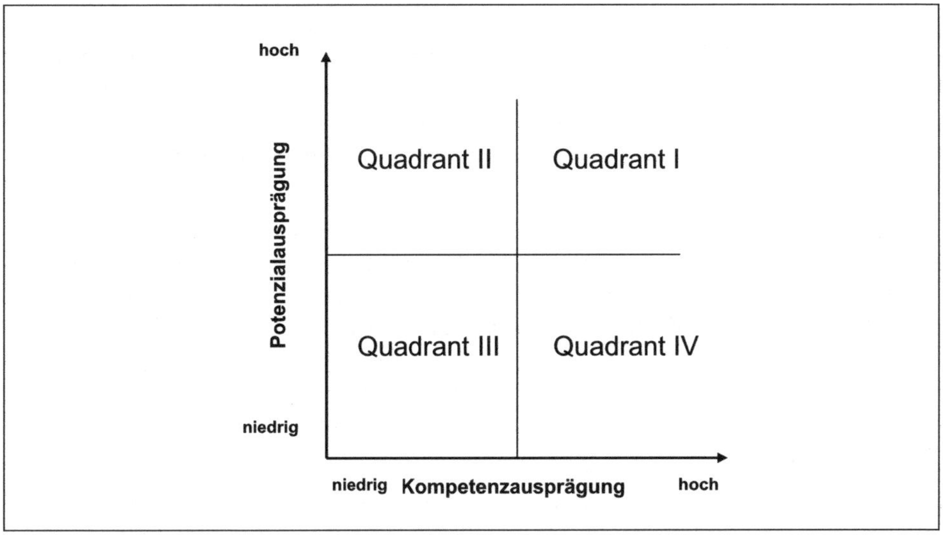

Abbildung 12: *Zusammenhang von Kompetenz- und Potenzialausprägung*[60]

Eine Anwendung der hier vorgestellten Überlegungen durch Aldering (2006) zeigte, dass am Ende eines Assessment Centers der Bewerber ein Angebot erhielt, der auf Grundlage des Konzeptes der Potenzialindikatoren entsprechend der nachfolgenden Fragestellungen von den Beobachtern höher in das Kompetenz- und Potenzialportfolio eingeordnet werden konnte:

- Verfügt der Bewerber über herausragende Analysekompetenzen (Schnelligkeit bei der Informationsaufnahme in der Fallstudie, Grad der Komplexitätsreduzierung in der nachfolgenden Ergebnispräsentation)?
- Wie gut und schnell kann der Bewerbers sich an neue, unbekannte Situationen und Personen anpassen (Flexibilität im Umgang mit neuen Gesprächspartnern, schnelles Einstellen auf neue Ausgangssituationen in simulierten Gesprächssituationen)?
- Wie steht es um den Gestaltungsanspruch? Wie hoch ist die Einflussnahmemotivation? Wie hoch ist die sogenannte innere Unabhängigkeit (Eindrücke und Bewertungen im Interview im Zusammenhang mit auch kritischen Einschätzungen und Rückmeldungen zum Unternehmen, Verhalten in der Gruppendiskussion)?
- Wie differenziert ist der Teilnehmer bezogen auf sein Selbstbild? Wie hoch ist die Lernbereitschaft (Selbstüberschätzung im Interview, Umsetzung von Zwischen-Feedback nach einzelnen AC-Übungen)?

Auch diese Fragen führen uns wieder zurück zu den drei Kompetenzbereichen **Ability, Engagement** und **Aspiration.** Die erste Frage nach den Analysekompetenzen zielt auf die Ability. Die zweite Frage nach dem Umgang mit unbekannten Situationen und Gesprächspartnern zielt auf das Engagement. Die dritte Frage nach dem Gestaltungsanspruch zielt auf die Aspiration.

60 Aldering, C. (2006), S. 193

Die **vierte Frage ist eine Meta-Fragestellung** und betrachtet das Vermögen, sein eigenes Verhalten und seine Fähigkeiten in den drei Kompetenzbereichen zu sehen und diese in ihrer Wirkung einzuschätzen. Dies umfasst auch die Möglichkeit der aktiven Steuerung des eigenen Verhaltens und die Einleitung von Verhaltensänderungen und bildet damit einen **vierten** wichtigen und eigenständigen **Kompetenzbereich**, die **Selbstreflexionsfähigkeit/Self Reflection**.

Können, Tun und Wollen sowie die Fähigkeit zur Selbstreflexion sind die wichtigen Kompetenzbereiche. Vor diesem Hintergrund ist die der Trait-Orientierung zugrunde liegende Pre-Konditionierung von Verhalten kein „Schicksal" mehr. Verhalten kann somit aktiv gestaltet werden. Die Ausprägung der Selbstreflexionsfähigkeit gibt den Grad an, mit dem eine Person von ihren ihr innewohnenden Persönlichkeitseigenschaften gesteuert wird oder aber die eigene Entwicklung und das gezeigte Verhalten selber steuern kann und dieses auch umsetzt. Hierdurch ist bestimmt, ob Verhalten von Personen eher aus trait- oder situations-orientierten Ansätzen resultiert.

Zur erstgenannten Kategorie zählen die „unwillkürlichen" Handlungen, die mithin als Kurzschlussreaktionen oder Handlungen aus dem Stammhirn bezeichnet werden. Hier besteht ein geringeres Entwicklungspotenzial. Bei der letztgenannten Kategorie ist die Person in der Lage, eine Vogelperspektive einzunehmen und in der Situation immer wieder auf eine Meta-Ebene zu gehen, um Situationen zu reflektieren; es existiert ein hohes Entwicklungspotenzial.

> **Die Messung der Selbstreflektionsfähigkeit ist somit der Schlüssel zur Bestimmung des Entwicklungspotenzials.** Damit ist sie ein wichtiger Indikator, ob ein Kandidat den zukünftigen Anforderungen gerecht wird.

6.3 Ermittlung erfolgskritischer Situationen

Sicherheit über die Eignung von Teilnehmern an Auswahlverfahren erhalten Sie erst ex post, d. h. erst nach erfolgter Auswahl und Übertragung der Aufgabe. Dann zeigt es sich, ob der Kandidat unter realen Bedingungen in Echtzeit erfolgreich handelt. Prognosen bleiben hingegen immer spekulativ und unsicher. Um die AC-Prognose auf eine solide Basis zu stellen, ist es daher sinnvoll, die zukünftigen Situationen möglichst realitätsnah zu antizipieren und zu simulieren. Welche Situationen hierfür in Frage kommen, sollte sich nicht daran orientieren, welche einfach nachzustellen sind. Vielmehr müssen Sie sich daran orientieren, wie kritisch die erfolgreiche Bewältigung einer Situation für die Erfüllung der mit der Aufgabe verbundenen Gesamtverantwortung für das Unternehmen ist. Stufen Sie eine Situation als erfolgskritisch ein, so ist sie in das Portfolio der Übungen aufzunehmen, unabhängig davon, ob sie in einer Übungssituation schwierig zu simulieren ist oder nicht.

Aus der Fülle der möglichen bzw. charakteristischen Alltagssituationen sind diejenigen zu selektieren, die erfolgskritisch für eine erfolgreiche Bewältigung der Funktion sind. In diesen erfolgskritischen Situationen kommt es besonders auf das Vorhandensein der Kompetenzen an, die in der jeweilige Situation abgefordert werden. Die Erfüllung eines definierten Anforderungsprofils ist in diesen Situationen erfolgskritisch. Auf die Nachbildung gerade dieser Situationen sollten die AC-Übungen fokussiert werden; Routineaufgaben gehören nicht dazu, da in ihnen nicht die wichtigen Anforderungen abgeprüft werden.

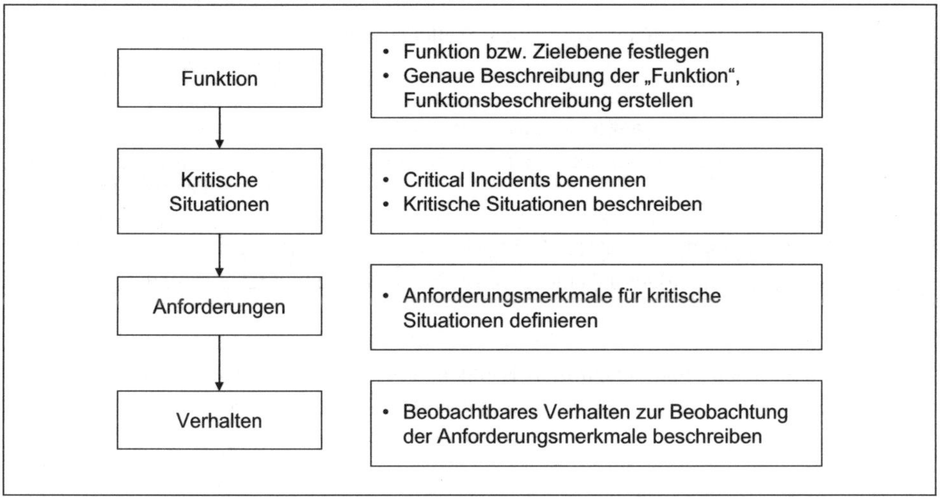

Abbildung 13: *Alternative Ableitung der Beobachtungskriterien von Abbildung 8*

In einer alternativen Vorgehensweise (siehe Abbildung 13) werden die Anforderungen an einen Kandidaten nicht direkt aus der Funktionsbeschreibung ermittelt, sondern zuerst die eine Funktion prägenden Situationen geschrieben. Aus der Fülle aller Alltagssituationen, werden die erfolgskritischen Situationen „destilliert". Die Methode, sich auf die wichtigen und erfolgskritischen Situationen zu konzentrieren, wird die Methode der **Critical Incidents** genannt. Hierbei werden nicht die Funktion und alle daraus resultierenden Anforderungen betrachtet. Dieser Vorgehensweise liegt die Annahme zu Grunde, dass es nur wenige, aber dafür kritische Anforderungen sind, die eine erfolgreiche Personalentscheidung determinieren. Es werden nicht Gesamtzusammenhänge betrachtet, sondern isoliertes Verhalten und daraus resultierende Anforderungen in den kritischen Situationen.

Der Fokus liegt hier auf der genauen Ermittlung der Funktionsinhalte und der erfolgskritischen Situationen. Erst wenn ein tiefgehendes und allgemeines Verständnis der Funktion vorhanden ist, werden Anforderungen festgelegt, die die kritischen Situationen kennzeichnen. Damit werden von vorneherein die weniger wichtigen Anforderungen ausgeblendet. Bei dieser Methode wird der Filterungsprozess zur Fokussierung über die Situationen durchgeführt. In der erstgenannten Methode geschieht dies durch die Anforderungen, für die dann typische und relevante Situationen ermittelt werden.

Welche Vorgehensweise der Ermittlung auch gewählt wird, die konkrete Ermittlung der zur Definition der „erfolgskritischen“ Situationen und der Anforderungen notwendigen Informationen kann nach unterschiedlichen Methoden erfolgen. Ohne näher auf die einzelnen Methoden und Instrumente einzugehen, ist es hierbei entscheidend, die Führungskräfte als Experten einzubinden. Mögliche Vorgehensweisen sind:

- Führungskräfte können interviewt werden
- Stelleninhaber können interviewt werden
- Aufschreiben des Tagesablaufes durch den Stelleninhaber
- Interview der Stakeholder einer Funktion (interne Kunden, interne Lieferanten, Kollegen)
- Beobachtung des Alltags über einen kurzen Zeitraum
- Erarbeitung im Rahmen von Führungskonferenzen oder im Rahmen der Beobachterschulung

Welcher Weg zur Ableitung der Anforderungen vorgezogen wird, ist Geschmacksache. Wichtig ist das Ergebnis. Am Ende des Prozesses muss es klare und abgestimmte Aussagen darüber geben:

- welche Situationen erfolgskritisch sind, damit diese in den Mittelpunkt des Assessment Centers gestellt werden und daraus Übungen abgleitet werden können.
- welche Anforderungen die jeweilige Situation an die Kandidaten stellt. Es ist klar festzulegen, welche Anforderungen in welcher Übung gestellt werden und damit, welche Kompetenzen abgefragt werden.
- welches Verhalten die anforderungsspezifischen Kompetenzen beobachtbar und bewertbar macht. Es ist eine Verbindung herzustellen zwischen dem beobachtbaren Verhalten und dem „Ursprung“, dem „Driver“ für dieses Verhalten.

Sind die kritischen Situationen einer Funktion definiert und die daraus resultierenden Anforderungen beschrieben, so ist festzulegen, welches Verhalten in diesen Situationen als erfolgreich betrachtet werden kann und vor allem, wodurch es sich auszeichnet bzw. gekennzeichnet ist. Es muss ferner beobachtbar sein.

Dieser Vorgehensweise liegen zwei Annahmen zugrunde:

- **Prämisse 1:** Ein in einer bestimmten Situation gezeigtes erfolgreiches Verhalten wird in einer vergleichbaren Situation wieder zum Erfolg führen. Das Verhalten ist determiniert durch vorhandene Kompetenzen des Kandidaten, die in dem Anforderungsprofil beschrieben sind.
- **Prämisse 2:** Die ausgewählten Anforderungsmerkmale beeinflussen den Erfolg in der jeweiligen Situation maßgeblich. Alle anderen Anforderungsmerkmale können zur Reduktion der Komplexität vernachlässigt werden.

6.4 Ableitung von Beobachtungsmerkmalen

Die Definition der Anforderungen dient dazu, die notwendigen Kompetenzen, die ein Mitarbeiter benötigt, um eine Aufgabe wahrzunehmen, abzuleiten. Für diese Anforderungen sind nun in einem letzten Schritt Verhaltensmerkmale zu definieren, die die mit diesen Anforderungen verbundenen Kompetenzen beobachtbar machen. Im Umkehrschluss wird im Assessment Center durch das Beobachten konkreter Verhaltensweisen auf das Vorhandensein bestimmter Kompetenzen geschlossen, die für die Bewältigung der sich aus der Situation ergebenden Anforderungen erfolgkritisch sind.

Die Methode der Critical Incidents dient dazu herauszukristallisieren, welche Situationen erfolgskritisch für eine Funktion sind. In diesen Situationen wird festgelegt, wie ein erfolgreiches Handeln bzw. Verhalten der zu beobachtenden Person aussehen sollte. Diese Verhaltensweisen werden dann definiert. Die Verhaltensweisen werden den Anforderungsmerkmalen zugeordnet, die in der jeweiligen Situation besonders hoch und damit erfolgskritisch sind. Die Methode der Critical Incidents bildet somit einen Filter, um aus der Gesamtheit aller Anforderungen, die bei jeder Funktion immer in irgendeinem Ausprägungsgrad vorhanden sein müssen, diejenigen Anforderungen herauszufiltern, auf die man bei der Auswahl besonders achten sollte.

Das Festlegen von Verhaltensmerkmalen ist ein kritischer Schritt. Hier darf es nicht bereits zur Überinterpretation kommen. Wichtig ist, dass die Zuordnung von Verhaltensmerkmalen zu den Anforderungen korrekt ist. Das Verhalten, das beobachtet werden soll, muss zu den Anforderungen passen und Rückschlüsse auf die korrespondierenden Kompetenzen zulassen. Bei allen Beteiligten muss ein Konsens darüber bestehen, wie sich Erfüllung und Nichterfüllung der Anforderungen bei der Übungsdurchführung äußern. Hierzu sind für jedes Anforderungsmerkmal übungsspezifisch die Verhaltensweisen zu definieren, die man für eine erfolgreiche Bewältigung der Situation erwartet. Als Hilfestellung können weniger positive Verhaltensweisen ebenfalls „graduiert" werden. Allerdings besteht dann die Gefahr, dass in der Beobachtungssituation, in der der Beobachter mehrere Anforderungskriterien beobachtet, sofort eine Interpretation des Verhaltens vorgenommen wird.

Ferner besteht die Gefahr, dass durch die Formulierung der „idealen" Verhaltensweisen der Eindruck entsteht, es gäbe eine Musterlösung. Bei den Übungen handelt es sich jedoch nicht um mathematische Beweisführungen, sondern um Situationen, in denen insbesondere bei den interaktiven Übungen gruppendynamische Prozesse die Vergleichbarkeit und Gleichförmigkeit von Verhaltensweisen beeinflussen können. Es gilt, sich nicht an den gewählten Methoden und Definitionen festzuklammern, sondern situationsabhängige Veränderungen zuzulassen, sofern diese erfolgreiche Lösungsansätze darstellen. Der jeweilig wirksame Datenkranz einer Entscheidungssituation ändert sich ständig, da es sich bei den Beobachtungssituationen nicht um repetitive Routinen handelt. Die Verhaltensbeschreibungen haben somit immer nur orientierenden Charakter. Am Ende einer Übung muss eine Bewertung möglich sein, inwieweit durch das beobachtete Verhalten die Zielerreichung unterstützt oder gehemmt wurde.

Bedenken Sie, dass die Auswahl einer Alltagssituation die Anforderungen an die Teilnehmer determiniert. Die Übungssituationen sind so zu gestalten, dass die maßgeblichen Anforderungen abgefordert und bebachtbar werden. Hierzu dient Ihnen die Merkmalsmatrix, in der die Beobachtungsmerkmale den Übungen zugeordnet sind.

Die Übungen unterscheiden sich hinsichtlich der Beobachtbarkeit der unterschiedlichen Merkmale. So können z. B. soziale Kompetenzen nur in Situationen beobachtet werden, in denen es zu einer Interaktion mit anderen Personen kommt bzw. in denen die Interaktion mit/zwischen anderen Personen reflektiert wird. Im zweiten Fall findet keine Beobachtung von Verhalten statt, sondern die Einschätzung der verbalen Darstellung, wie ein Verhalten in der konkreten Situation aussehen würde.

In Tabelle 18 ist angegeben, welches Merkmal in welcher Situation beobachtbar ist. Hierbei sind nur dort Kennzeichen gesetzt, wo sich bei den betreffenden Übungen besonders gut das entsprechende Merkmal beobachten lässt.

***Tabelle 18:** Merkmalsmatrix zu den Anforderungsmerkmalen aus Tabelle 17*

Merkmal	**Präsentationsübung**	**Bericht/ Vortrag**	**Postkorb-Übung**	**Fallstudie**	**Rollenspiel**	**Interview**	**Gruppendiskussion**	**Konstruktionsübung**	**Planspiel**
Verantwortungsbereitschaft			xxx	xxx				xxx	
Teamfähigkeit								xxx	xxx
Führungsfähigkeit				xxx	xxx			xxx	xxx
Kommunikationsfähigkeit	xxx	xxx							
Konfliktfähigkeit			xxx	xxx	xxx				
Kritikfähigkeit					xxx	xxx			
Empathie/ Perspektivenwechsel				xxx		xxx			
Überzeugungs- und Durchsetzungskraft	xxx	xxx		xxx		xxx			
Networking-Kompetenz				xxx				xxx	xxx
Interkulturelle Kompetenz				xxx		xxx			xxx

Die Übung muss nicht nur generell dafür geeignet sein, die Beobachtung des Merkmals zuzulassen. Die Wahrnehmung eines Merkmals in der jeweiligen Übung ist darüber hinaus abhängig von der konkreten inhaltlichen Ausgestaltung der Übung. Es ist darauf zu achten, dass das

Merkmal deutlich genug abgefordert und damit beobachtbar wird. Andere Merkmale dürfen nicht derartig im Vordergrund der Übung stehen, dass deren Ausprägungen die Beobachtung der eigentlichen Merkmale überlappen.

Auf dem Beobachtungsbogen muss die Ergänzung um weitere Verhaltensbeobachtungen möglich sein. Ferner sollte auf dem Beobachtungsbogen ein Bereich vorhanden sein, der es dem Beobachter erlaubt, den chronologischen Ablauf der Übung zu skizzieren. Sprich: Wann gab es welche entscheidende Verhaltensweise, die ganz offensichtlich den Übungsablauf beeinflusste? Dieses ermöglicht den Beobachtern nachträglich:

- den Überblick über die Vielzahl der Beobachtungssituationen zu behalten;
- die Verhaltensentwicklungen während einer Übung zu dokumentieren;
- die Ursache-Wirkungsketten zu erkennen;
- die Struktur und den Ablauf identischer Übungen besser miteinander vergleichen zu können.

Bei Gruppenübungen sollte ein gesonderter Beobachtungsbogen vorliegen, da der Übungsablauf dort nicht einer konkreten Person zugeordnet werden kann.

Tabelle 19: *Erarbeitungsbogen für eine Übung*

Übungsart:	
Übungstitel:	
Critical Incident:	
Beschreibung der Übung:	
Beobachtungsmerkmale:	**Beschreibung des beobachtbaren Verhaltens:**
Sonstige Anmerkungen:	

6.5 Sonderform: Handlungsorientierter AC-Ansatz

Bisher ist ausschließlich auf die Planung eines eigenschaftsorientierten Assessment Centers eingegangen worden. Von einem beobachteten Verhalten wird auf Kompetenzen des Mitarbeiters geschlossen. Wichtig war hierbei, einen Zusammenhang zwischen den einzelnen Anforderungen und Verhaltensweisen herzustellen. Dazu bestehen klare Annahmen, welches Verhalten auf welche Kompetenzmerkmale einen Rückschluss zulässt. Für die einzelnen Übungssituationen werden die Anforderungen ausgewählt, deren Vorhandensein als besonders erfolgskritisch angesehen wird und für die die betreffende Person die entsprechenden Kompetenzen besitzen soll. In einer Übung beobachtetes Verhalten wird nur auf diese jeweils definierten Anforderungen bezogen. Es besteht somit die Annahme einer „Verdrahtung" zwischen Verhalten und den anforderungsbezogenen Kompetenzen. Diese Tatsache kann wie ein festes Korsett wirken. In der strukturierten Form der Aufbereitung des Anforderungsprofils wird ein unnötiger Bürokratismus gesehen: Das ist einer der Gründe, warum bei Auswahlentscheidungen nicht auf die AC-Methode zurückgegriffen wird.

Eine weniger deterministische Variante stellt der handlungsorientierte AC-Ansatz dar. Hier stehen Handlungsmuster im Mittelpunkt der Analyse.[61] Die Beobachter lassen das gesamte beobachtbare Verhalten in den Übungssituationen auf sich wirken. Die Verhaltensbeobachtung wird nicht auf im Vorfeld festgelegte und klar beschriebene Anforderungskriterien fokussiert, sondern in Gänze aufgenommen. Interpretation und Bewertung erfolgen im Anschluss an die Übung. Der handlungsorientierte Ansatz geht davon aus, dass Verhalten von Personen nicht im Sinne des trait-orientierten Ansatzes durch Eigenschaften festgelegt ist. Dem handlungsorientierten Ansatz liegt vielmehr ein Persönlichkeitsmodell zugrunde, in welchem Verhalten sowohl durch verhaltensstabile Eigenschaften wie auch durch Situationen, Interaktionen, Rollenverständnisse und Ziele sowie Motive der jeweiligen Person beeinflusst wird. Verhalten wird als Produkt komplexer Ursache-Wirkungsketten verstanden, die sich nicht auf wenige Einflussgrößen reduzieren oder programmieren lassen. Auf der einen Seite wird damit sicher der Realität stärker Rechnung getragen. Auf der anderen Seite wird damit aber auch der Interpretationsspielraum stark erweitert. Bei der Bewertung von Verhalten sind neben den situativen Einflüssen und der Persönlichkeitsstruktur zusätzlich Adaptionsmechanismen der beobachteten Person wie die Motivsituation, Ziele und Strategien zur Zielerreichung in die Bewertung des Verhaltens einzubeziehen.

Um hier zu einer Aussage in der Beobachtung zu gelangen, ist es zwar ebenso unerlässlich, Verhaltensbeschreibungen für beobachtbares Verhalten zu erstellen. Es gibt jedoch zwei wichtige Unterschiede:

- Es werden immer das gesamte Verhalten und alle Verhaltensmerkmale beobachtet. Es findet keine Fokussierung nur auf bestimmte Verhaltensmerkmale statt, die im Vorfeld als erfolgskritisch für die Bewältigung der jeweiligen Situation eingestuft wurden.

---

61 Durnwalder, K. (Hrsg.) (2001), S. 116

- Dem beobachteten Verhalten bzw. den Handlungen der Person werden keine spezifischen Eigenschaftsmerkmale zugeordnet. Es wird nur darauf geachtet, ob und wie die Verhaltensweisen der Kandidaten deren Erfolg in der jeweiligen Situation beeinflusst haben. Es wird auf die Handlungen und deren Wirkung fokussiert und darauf verzichtet, die Persönlichkeitseigenschaften, die möglicherweise dieses Verhalten determinieren oder begünstigen, tiefer zu ergründen.

Für eine Auswahlentscheidung mag diese Vorgehensweise sinnvoll sein. Bei einem Entwicklungs-AC hingegen ist eine tiefergehende Analyse der Persönlichkeit und der diese determinierenden Eigenschaften wichtig, geht es doch in erster Linie darum, Aussagen darüber zu treffen, wie sich ein Kandidat entwickeln wird bzw. sollte und wo konkrete Fördermaßnahmen ansetzen können.

7. Die Problematik von Wahrnehmung und Beobachtung

7.1 Von der Wahrnehmung zur Bewertung

Die Wahrnehmung ist ein aktiver, interpretierender und Bedeutung verleihender Prozess. Sie ist der erste Schritt, der unser Verhalten jemandem gegenüber prägt. Es gibt keine Form positiver oder negativer mitmenschlicher Beziehungen, die nicht vom erstem Eindruck ausgeht. Hierbei kann der erste Eindruck durch eine reale Begegnung oder andere optische Eindrücke wie z. B. Fotos entstehen. Er entsteht aber auch in Verbindung mit Begriffen, Aussagen, Objekten. Vereinfacht dargestellt erfolgt Wahrnehmung in vier Stufen:

- Die erste Hürde zur Wahrnehmung ist die Frage, ob wir alles Verhalten und alle angebotenen Informationen in einer Situation wahrnehmen. Bei optischen Eindrücken können durch die Einschränkung unseres Blickwinkels Dinge hinter unserem Rücken passieren, ohne dass wir diese wahrnehmen.
- Die zweite Hürde ist, ob wir die Informationen, die uns erreichen, über unsere Sensoren, unsere Sinnesorgane aufnehmen. Einige Signale sind zu schwach, als dass diese unsere Sensoren anregen. Die Empfindlichkeit der Sensoren ist bei Menschen unterschiedlich ausgeprägt und verändert sich altersabhängig.
- Die Informationsaufnahme von Menschen ist beschränkt. Nicht alle Informationen, die wir aufnehmen, gelangen in unser Bewusstsein. Wahrnehmung ist selektiv und subjektiv.

- Welche Wahrnehmungen in unsere Bewertung einfließen und wie diese dann interpretiert werden, hängt von ihrer Bedeutung, vom Ausprägungsgrad der im Folgenden dargestellten Beurteilungstendenzen und Attributionen sowie aber auch von der jeweiligen Verfassung und Stimmungslage des Beobachters ab.

Bei einem Assessment Center wird die Bewertung idealerweise auf Grundlage von Verhaltensbeobachtungen durchgeführt. Auch diese werden auf unterschiedliche Art und Weise aufgenommen, vornehmlich optisch und akustisch. Auf dem Weg zur Bewertung des Verhaltens gibt es jedoch eine Fülle von Problemstellungen, die beachtet werden müssen, damit die Bewertung nicht willkürlich verläuft:

- Wie können Sie Beobachtungssituationen gestalten?
- Welche Auswirkungen hat die Art der Beobachtung auf die Beobachtung selbst?
- Wie findet Beobachtung statt?
- Welche Prozesse überlagern den Beobachtungs- und Bewertungsprozess?

Diese wichtigen Fragen werden im Folgenden beantwortet.

7.2 Beobachtungssituation

Beobachtung und Bewertung sind ständig ablaufende Prozesse, geradezu Routinen. Auch im Führungsalltag finden Beobachtungen und damit verbundene Bewertungen immerzu statt. Für eine Bewertung bildet eine Beobachtung die Ausgangsbasis. Dabei kann Beobachtung unter unterschiedlichen Rahmenbedingungen erfolgen, die in Tabelle 20 gegliedert sind.

Tabelle 20: *Arten von Beobachtungen*

Alltagsbeobachtung/ Subjektive Eindrucksanalyse	Scouting	Systematische Beobachtung
Flexible Merkmale	Festgelegte und flexible Merkmale	Genau festgelegte Merkmale
Ohne systematische Fixierung	Nur teilweise schriftliche Fixierung, in der Regel wenig systematisiert, eher kategorisiert	Systematische Fixierung
Eindrücke	Eindrücke und Beobachtungen	Beobachtungen

Beurteilungsprozesse von Managern im Führungsalltag werden auf Basis von Beobachtungen getroffen, die sich am ehesten der mittleren Beobachtungskategorie dem Scouting zuordnen lassen. Im Rahmen eines Assessment Centers erfolgt hingegen eine systematische Beobachtung gemäß der rechten Beobachtungskategorie. Entscheidungen, die auf Eindrücken und

Intuitionen beruhen, ohne dass es ein systematisches Beobachtungs- und Bewertungsraster existiert, sind zu vermeiden.

Bedenken Sie, dass die Art der Beobachtungssituation Einfluss auf die Beobachtung und damit die Bewertung hat. Darüber hinaus beeinflusst die Beobachtungssituation das gezeigte Verhalten der beobachteten Kandidaten. Die Gestaltung einer Beobachtungssituation kann nach den in Tabelle 21 dargestellten Klassifizierungen vorgenommen werden.

Tabelle 21: *Klassifizierungen von Beobachtungen*

Klassifizierung			Bemerkung in Bezug auf ACs
Vorgehensweise	strukturiert, standardisiert	unstrukturiert, nicht standardisiert	Die Beobachtung wird nach einem vorgegebenen Schema durchgeführt. Die Verhaltensweisen zu in dem Schema angegebenen Kriterien werden niedergeschrieben, z. B. Mimik, Gestik, Bewegung.
Steuerung	kontrolliert	unkontrolliert	Die Beobachtungssituation kann kontrolliert werden.
Beobachtungsobjekt	Fremdbeurteilung	Selbstbeurteilung	Es wird eine andere Person beurteilt. Eine Selbstbeurteilung durch den Teilnehmer kann vorgenommen werden.
Beobachterrolle	teilnehmend	nicht teilnehmend	Siehe Tabelle 22
Partizipationsgrad	persönlich betroffen/aktiv	nicht persönlich betroffen/ passiv	Der Beobachter ist persönlich von der Situation betroffen, er ist somit handelndes Subjekt. Z. B. gegenseitiges Feedback geben nach gemeinsam erlebter Situation.
Transparenz	offen	verdeckt	Die Beobachtung ist dem Beobachteten bewusst: AC-Beobachtung.
Wissenschaftlichkeit	systematisch	naiv	Das Beobachtungsschema wurde vor dem Hintergrund eines Modells erarbeitet. Das Modell wurde auf seine **Validität**, **Reliabilität** und **Objektivität** hin überprüft. Z. B. wissenschaftliche Fragebögen im Gegensatz zu selbst erstellten und nicht getesteten Fragebögen.
Perspektive	direkt	indirekt	Die Beobachtungen werden in Echtzeit durchgeführt. Er erfolgt keine indirekte Beobachtung z. B. durch Bericht .
Beobachtungsautonomie	unvermittelt	vermittelt (Gerät/ Person)	Die Beobachtung wird persönlich live vorgenommen. Es findet keine Erzählung oder Wiedergabe einer Aufzeichnung statt.
Realität der Situation	natürlich	unnatürlich	Die Beobachtung wird anhand einer „echten" Situation vorgenommen und nicht durch eine „ähnliche" Situation simuliert.

Klassifizierung			Bemerkung in Bezug auf ACs
Natürlichkeit der Situation	Feldsituation	Laborsituation	Die Beobachtung wird zumeist in einer Laborsituation und nicht in der Arbeitsumgebung durchgeführt.
Verknüpfungsgrad	Molar (das Mol betreffend)	Molekular (das Molekül betreffend)	Eine Beobachtung ist molar, wenn nur ein einzelner Aspekt betrachtet wird. Molekulare Beobachtung betrachtet (Wirkungs-)Zusammenhänge. Durch die strikte Trennung in einzelne Anforderungskriterien wird versucht, diese auch einzeln zu beobachten, Wahrnehmung erfolgt jedoch immer ganzheitlich.

Diese Gestaltungskriterien sind bei der Konstruktion von Übungen im Rahmen eines Assessment Centers zu beachten. Beispielhaft sind an dieser Stelle einige Situationen angegeben, in denen Sie die Klassifizierungen der Beobachtungen wiederfinden.

***Tabelle 22:** Beispiele für Beobachtungsmethoden und Situationen*

Hilfsmittel zur Erhebung der Daten		Beobachter	
		Teilnehmend	**Nicht teilnehmend**
Kontrolle über die Situation ist gering	Frei, unmittelbar, offen	Der Vorgesetzte beobachtet seinen Mitarbeiter während der Arbeit	Kollege des Vorgesetzten oder Coach beobachtet den Mitarbeiter
	Frei, retrospektiv, verdeckt	Befragung der Kollegen über das Verhalten des Kollegen im Nachhinein	Sammeln von Aufzeichnungen, Beurteilungen, Berichten
Kontrolle über die Situation ist hoch	Kontrolliert und offen	Vorbereitetes, strukturiertes Interview, Übung, Beobachter ist gleichzeitig Interviewer	Beobachtung der Situation und des Mitarbeiters durch geschulte Beobachter
	Kontrolliert und verdeckt	Mitarbeiter, z. B. Stellvertreter des Vorgesetzten, erhält den Auftrag, zur Beobachtung des Mitarbeiters	Beobachtung der Mitarbeiter durch Externe ohne Wissen, Stichwort: Kameras

Bei einer typischen AC-Situation ist die Beobachtung durch folgende Merkmale gekennzeichnet:

- Die Beobachtung erfolgt systematisch. Es existieren klar definierte Beobachtungskriterien für die einzelnen Übungen. Diese Kriterien sind qualitativ beschrieben und graduierbar.
- Die Beobachtung erfolgt kontrolliert. Das gilt sowohl für den Ablauf der Übungen, die klar beschrieben und zeitlich determiniert sind, als auch für die Steuerung der Beobachter selbst.

- Die Beobachter nehmen nicht an der Übung teil. Es existiert eine klare Trennung zwischen Beobachtung und Handlung. Teilnahme erzeugt Identifikation. Dadurch entstehen psychodynamische Beurteilungseffekte wie z. B. Attribuierungsfehler (Sympathie – Antipathie). Außerdem wird dadurch die Situation beeinflusst und möglicherweise in die Struktur der Übung eingegriffen. Eine Nichtteilnahme hingegen erzeugt Distanz und erleichtert die Objektivierung und das Sammeln vielfältiger Informationen. Der Beobachter ist nicht Element der Entscheidungssituation.
- Die Beobachtung erfolgt offen. Die Situation ist so transparent wie möglich.
- Die Beobachtung erfolgt nicht auf einer streng wissenschaftlich abgesicherten Grundlage. Es findet zwar eine Absicherung der Beobachtungsergebnisse statt, jedoch genügen diese nicht einem wissenschaftlichen Anspruch.
- Die Beobachtung erfolgt direkt und in Echtzeit.
- Die Beobachtung erfolgt unvermittelt. Die Beobachter können sich selber ein Bild von der gesamten Situation machen. Sie „beobachten" die Situation nicht durch einen Filter (Kameraführung, Bild- und Tonschnitt) oder durch die Selektion und Einfärbung, die bei einer Nacherzählung entstehen.
- Beobachtet werden ansatzweise natürliche/echte Situationen. Diese sind durch die Beschreibung der Rahmenbedingungen abgewandelt. Dennoch bleibt es eine Simulation.
- In der Regel wird die Beobachtung in einer Laborsituation durchgeführt. Anders wäre die Vielzahl an anderen Einflussgrößen nicht zu eleminieren. Vorteilhaft an der Laborsituation sind geringere Messfehler und eine hohe Zuverlässigkeit, da Einflüsse stärker eingedämmt werden können. Nachteilig ist hingegen die geringe Validität bezüglich einer realen Situation.
- Haben die Situationen einen Feldcharakter, können sie eine hohe Spezifität für die „echte" Situation aufweisen. Nachteilig an der Feldsituation sind die geringe Kontrollmöglichkeit, die geringe Zuverlässigkeit der Messungen und die hohe Messfehlerquote. Vorteilhaft sind hingegen die (hohe) Validität und die Möglichkeit der Generalisierung bezüglich vergleichbarer Situationen.
- Die Reduzierung der Beobachtung auf die im Vorfeld definierten Anforderungsmerkmale ist in der Praxis schwer durchführbar. Verhalten kann nicht immer nur ursächlich einem Anforderungsmerkmal zugeordnet werden. Im handlungsorientierten AC-Ansatz wird daher ganz offen die freie, komplexe (molekulare) Beobachtung durchgeführt. Auch bei den eigenschaftsorientierten Assessment Centern wird immer das gesamte Verhalten beobachtet und dann auf Eigenschaften der Person geschlossen.

7.3 Beobachtungs- und Beurteilungsfehler

Die im Folgenden dargestellte Vielfalt an Einflussfaktoren auf menschliche Beobachtungs- und Bewertungsprozesse zeigt die Wichtigkeit auf, sich mit diesen Einflussfaktoren eingehend auseinanderzusetzen. In diesem Zusammenhang von Fehlern zu sprechen, ist eigentlich irreführend. Außerdem wirkt es wie ein Vorwurf gegen die Beobachter. Wichtig ist es, sich bewusst zu machen, dass und wie diese Mechanismen ablaufen. Sie sind bei jedem Menschen unterschiedlich stark ausgeprägt. Kein Mensch ist jedoch frei davon.

Tabelle 23: *Attribuierungsfehler*

Attribuierungsfehler/Individuelle Aspekte bei der Bewertung	
Kausal-attribuierung	Beobachtetes Verhalten wird nicht beobachtbaren Ursachen ohne wissenschaftliche Begründung zugeschrieben. Hierbei handelt es sich um naive Erklärungsansätze. Drei dieser Tendenzen findet man bei der Verhaltensbeobachtung und Selbstbeobachtung.
	Selbstdienlichkeitstendenz (Self-serving Bias): Gelungene Aktionen, gute Leistungen und Erfolge schreibt man den eigenen Fähigkeiten zu, wohingegen misslungene Aktionen und Misserfolge äußeren Umständen, der Schwierigkeit der Aufgabe und der Ungunst der Situation angelastet werden (Selbstbeobachtung).
	Fehleinschätzung des Einflusses äußerer Faktoren: Fast alle Verhaltensweisen werden auf innere, personeninterne Kräfte oder Dispositionen zurückgeführt wie guter Wille – böser Wille. Die Vielfalt der Einflussfaktoren wird ignoriert (Verhaltensbeobachtung).
	"Halo"-Tendenz in der Personenbeurteilung: Wirkung von Sympathie – Antipathie: Bevorzugung von Freunden; Benachteiligung der Gegner. Selbstdienlichkeitstendenz wird bei Gegnern umgepolt: Erfolge bedeuten Vermögen und Potenzial, Misserfolge bedeuten vermutetes Unvermögen (Verhaltensbeobachtung). Mit bestimmten Eigenschaften werden andere Eigenschaften assoziiert. Es gibt Eigenschaften, die mehr Bedeutung haben und die die Bedeutung anderer, untergeordneter Eigenschaften beeinflussen bzw. völlig überlagern (durch Verallgemeinerung eines Einzelereignisses): ■ Der in einem Moment Ungeschickte ist ein in der Regel unpraktisch veranlagter Mensch. ■ „Wer einmal lügt, sagt immer die Unwahrheit." Während der Halo-Effekt von der Überlagerung eines positiven (Haupt-)Merkmals über andere (weniger positive, negative, bedeutende) Merkmale ausgeht, wird der umgekehrte Effekt der „Mistgabel-Effekt" genannt. Dort überstrahlt ein negatives Merkmal andere unabhängige Merkmale.[62] Die Person kann machen, was sie will, sie hat einen negativen Stempel.

62 Breisig, T. (2005), S. 185

Attribuierungsfehler/Individuelle Aspekte bei der Bewertung	
Konsensuseffekt	Sozial erwünschte Handlungen werden positiv bewertet. Ob diese Handlungen in der Situation zielführend waren, ist dabei sekundär. Handlungen oder Verhaltensweisen, die rollenspezifisch und damit authentisch sind, werden positiver bewertet, als wenn eine Person die gleiche Handlung zeigt, diese ihrer Rolle jedoch nicht entspricht (Rollendiskrepanz, Glaubwürdigkeitseffekt).
Vorurteile/ Stereotype	Vorurteile sind erfahrungsgemäß nicht hinlänglich abgesicherte Verallgemeinerungen von großer zeitlicher Stabilität gegenüber Personen, Gruppen und Objekten. Sie können sowohl positive als auch negative Bewertungsdimensionen enthalten. Sie sind immer nur für spezifische Gruppen von Menschen gültig. Es besteht ein Zusammenhang zwischen Persönlichkeitsmerkmalen und der Qualität von Vorurteilen und Eindrücken. Es entstehen Stereotype. Der naive Beurteiler ist in der Bildung seiner Eindrücke vielen Einflüssen ausgesetzt: ■ Die Umstände, in und unter denen ein Urteil gefällt wird. ■ Die Art und Güte der dem Beurteiler zur Verfügung stehenden Informationen. ■ Eigenschaften des Beurteilers (z. B. subjektive Ähnlichkeitsrelationen zwischen Beurteiler und zu beurteilendem Objekt). ■ Erfahrungen des Beurteilers.

Die Informationen können auf unterschiedliche Art und Weise aufgenommen werden (multisensorisch). In Verbindung mit den Attribuierungsmethoden führt die Art der Informationsaufnahme zu unterschiedlichen Beurteilungstendenzen.

Tabelle 24: *Aufnahmearten von Informationen bei Assessment Centern*

Aufnahmeart	Erläuterung
optische Eindrücke	■ Beurteilung findet ohne echte Informationen statt z. B. anhand von Fotos durch spontane oder gestützte Zuordnung von Persönlichkeitsmerkmalen zu Menschen. ■ Äußeren Merkmalen werden unbewiesenen inneren Merkmalen zugeordnet (Charakter, Berufsrolle etc.), für die es nicht die geringsten Anhaltspunkte gibt, Bildung von Stereotypen.
verbale Eindrücke/ Vorinformationen	■ Durch Kurzschilderungen, diese zeichnen ein entsprechendes Bild, je nachdem wie der Erzähler die Berichterstattung gestaltet und wie das Verhältnis des Erzählers zum Zuhörer ist. ■ Vorausinformationen führen zu Eindrucksurteilen, die sich relativ schnell verfestigen.
akustische Eindrücke	■ Inhalt des Gesprochenen und Stimmqualität (Stimmhöhe, Lautstärke, Monotonie, Pausensetzung) verbinden sich zu einem unmittelbaren und ganzheitlichen Eindruck. ■ Die Stimmqualität ist die zentral wirksame Eigenschaft für das Eindrucksurteil, z. B. Verbindung von Stimmqualitäten mit bestimmten Berufsrollen (Pfarrer, Lehrer).

Aufnahmeart	Erläuterung
geruchsbedingte Eindrücke	■ können Zuwendung oder Abwendung erheblich beeinflussen. ■ wird indirekt sichtbar in der geläufigen Rede, wenn man jemanden „gut riechen kann", oder eben nicht. ■ bilden ein weites Feld für die Bildung von Vorurteilen gegenüber Minderheiten (z. B. Knoblauchgeruch).

Zu den bereits dargestellten Attribuierungsmechanismen und der Vielfalt, das dargebotene Informationsangebot aufzunehmen und über die Art der Informationsaufnahme zu Beurteilungstendenzen zu gelangen, kommen noch weitere wichtige Beurteilungseffekte.

Tabelle 25: *Beurteilungseffekte*[63]

Zeitlicher Aspekt der Fehlerursache	
Der Primary Effect (Anfangseffekt); Vorinformationen; Reihenfolge der Teilnehmer	Effekt des ersten Eindrucks. Dieser hat Einfluss auf die Bedeutungsverleihung aller weiteren Informationen über die Person. Die Person ist buchstäblich in einer Schublade einsortiert. Die während des ersten Eindrucks gewonnenen Informationen führen zu einer Hypothesenbildung über die Person und ihre Eigenschaften. Es entsteht eine „Bild", in das alle nachfolgenden Informationen „eingefügt" werden. Dadurch wird die wertneutrale Aufnahme weiterer Informationen, die der minimalen Erstinformation widersprechen, weitgehend verhindert. Haben sich mit einem bestimmten Namen bestimmte Eigenschaften verbunden, dann ist das Lernen eines gegenteiligen Zusammenhangs praktisch oft unmöglich. Vorinformationen beeinflussen eine wertfreie Beurteilung in den Übungssituationen.
Neuheitseffekt	Es werden nur die neuesten Informationen für eine Beurteilung genutzt. Ältere Informationen werden nicht oder nur wenig in die Betrachtung einbezogen. Der Kandidat kann damit sehr schnell eine bestehende Beurteilung über ihn beeinflussen. Dies birgt die Gefahr der Manipulation der Beobachter.
Kontrasteffekt	Leistungen und Verhalten werden immer auch im Vergleich mit den beobachteten Leistungen aus vorangegangenen Situationen bewertet. Eine Leistung wird besser bewertet, wenn die vorherige schlecht war. Es findet eine relative Überbewertung insbesondere in die positive Richtung bei Leistungssteigerungen statt.
Interaktionsaspekt der Fehlerursache	
Nikolaus-Effekt/ Knecht-Ruprecht-Effekt	Der Beurteilte strengt sich in den Situationen, auf deren Grundlage eine Beurteilung durchgeführt wird, besonders an. Allerdings entspricht das gezeigte Verhalten nicht seinem normalen Phlegma. Die Beurteilung fällt zu gut aus, weil der Ausnahmefall als Regel angenommen wird.

63 Trauernicht, K. (2001), S. 85ff

Einfluss inhaltlicher Positionen	Besonders extreme und deutlich polarisierende Äußerungen und Bewertungen beeinflussen die Beurteilung der anderen Beurteiler. Insbesondere im Zusammenhang mit unterschiedlichen Hierarchien kann die Wortäußerung eines Meinungsmachers auch für die anderen meinungsbildend sein. Je krasser diese geäußert wird, desto mehr glauben die anderen Beobachter an die „Wahrheit“ der Äußerung.
Hierarchieeffekt I	Tendenziell gilt: Je höher die Hierarchie ist, auf der ein Mitarbeiter tätig ist, desto besser ist seine Beurteilung im Vergleich zu niederrangigen Mitarbeitern. Macht schafft Akzeptanz und eine bessere Bewertung. Kein Beobachter möchte der ihm nahestehenden Person wehtun.
Hierarchieeffekt II	Je höher die Hierarchiestufe ist, auf der ein Beobachter tätig ist, umso milder fällt sein Urteil aus, während niederhierarchische Beobachter eher strenger beurteilen (Professoren bewerten Klausuren regelmäßig besser als ihre wissenschaftlichen Assistenten). Die „Jungen“ müssen sich noch beweisen.
Ähnlichkeitseffekt	Je mehr Ähnlichkeit die zu beurteilende Person mit dem Beurteiler hat, desto positiver wird sie beurteilt. Kein Beobachter möchte die Verhaltensweisen, die er als seine an anderen entdeckt hat, negativ bewerten, da er sich damit selber negativ beurteilt.
Kontakteffekt	Beurteilungen fallen umso positiver aus, je intensiver der Kontakt zwischen dem Beurteiler und dem zu Beurteilenden ist (betreute Diplomarbeiten werden regelmäßig besser bewertet als Klausuren). Die Beurteiler wollen ihren „Freunden“ nicht wehtun.
Reueeffekt	Die gemachten Fehler werden weniger streng bewertet, wenn der Mitarbeiter diese Fehler eingesteht und deutlich macht, dass er sie gemacht hat. Dies kann dazu führen, dass die Beobachter manipuliert werden (z. B. über den Augenaufschlag).
Klebereffekt	Ein Mitarbeiter, der über einen langen Zeitraum keinen erkennbaren Karriereschritt gemacht hat, wird tendenziell negativer bewertet. Es wird implizit unterstellt, dass es sicher wichtige, in der Person selbst liegende Gründe für die Karrierestagnation gibt.
Favoritentendenz (Bekanntheit, Geschlecht, Alter etc.)	Jede Person entwickelt im Verlauf einer Beobachtung von Personengruppen Zuneigung und Antipathie gegenüber einzelnen Mitgliedern. Dieses hat direkten Einfluss auf die Beobachtung und Bewertung der Personen. Hier spielen alle Faktoren eine Rolle, die unter dem Stichwort Sympathie/Antipathie gefasst werden können. Dazu gehören auch geschlechtsspezifische Effekte.
Projektion	Eigene negative Eigenschaften, die in Ansätzen bei dem Beurteilten beobachtet werden, werden diesem gänzlich zugeschrieben. Er wird damit rundum negativ bewertet.
Allgemeine Maßstabsfehler	
Härteeffekt	Hierbei tendiert der Beurteiler im Mittelwert zu einer Beurteilung unter dem Skalen-Mittelwert. Der Beurteiler differenziert zwar, nutzt aber nicht in vollem Maße die Skala aus (juristische Staatsexamina enden regelmäßig mit unterdurchschnittlichen Noten).

Mildeeffekt	Hierbei tendiert der Beurteiler im Mittelwert zu einer Beurteilung über dem Skalen-Mittelwert. Der Beurteiler differenziert zwar, nutzt aber nicht in vollem Maße die Skala aus (Soziologen, Psychologen und Philologen erreichen regelmäßig überdurchschnittliche Examensnoten). Dies deutet auf eine deutliche Konfliktscheue beim Beobachter hin.
Mittelwerttendenz	Die Bewertung liegt im Skalen-Mittel. Hierbei tendiert der Beurteiler dazu, kaum voneinander abweichende Bewertungen vorzunehmen. Die Bewertungen sind wenig differenziert und zeigen eine geringe Standardabweichung. Der Beurteiler nutzt nicht in vollem Maße die Skala aus (Unsicherheit und mangelndes Selbstbewusstsein der Beobachter). Auch hier gilt, dass der Beobachter eher konfliktscheu ist.
Extremtendenz	Der Beurteiler bewertet in Extremen. Er polarisiert. Es gibt nur gut oder schlecht (überzogenes Selbstbild des Beobachters). Die Polarisierung gibt den Kandidaten keine Möglichkeit, Trends zu erkennen und Verbesserungspotenzial abzuleiten.
Maßstabsfehler	Die Beobachter orientieren sich bei der Beurteilung an ihren eigenen Maßstäben. Je weiter die tatsächlichen Anforderungen an die Beurteilten von denen der Beobachter auseinanderliegen, desto größer ist diese Diskrepanz. Trotz der Formulierung einer gemeinsamen Beurteilungsbasis im Beobachterkreis kommt es immer wieder vor, dass Beobachtern die Beurteilungskriterien wieder und immer wieder vor Augen geführt werden müssen.
„Vorsätzliche" Beurteilungstendenzen	
Beobachterbedrohung	Die Beobachter fühlen sich von den Auswirkungen der Beurteilung bedroht. Dies kann z. B. in Form der Verpflichtung zur persönlichen Rückmeldung an die Teilnehmer bestehen. Um hierbei keine negativen Botschaften überbringen zu müssen, wird tendenziell positiver bewertet.
Beschützereffekt	Teilnehmer stellen sich bewusst oder unbewusst als hilflos dar, machen sich klein und wecken dabei den Beschützerinstinkt bei den Beurteilern. Dadurch werden sie positiver bewertet. Dieser Effekt ist verwandt mit dem Reueeffekt.
Wegloben	Mitarbeiter werden bewusst positiv beurteilt. Dies kann verschiedene Ursachen haben: ■ Flaschenpost; der Beurteiler will den Mitarbeiter abgeben bzw. loswerden. ■ Der Beurteiler will dem Beurteilten einen Gefallen tun und ihm die Steigbügel für dessen Karriere halten.
Schlechtmachen/Neideffekt	Versuch eines Beobachters, seinen Mitarbeiter schlecht zu bewerten, damit nicht die Gefahr besteht, dass er in einem anderen Bereich des Unternehmens Karriere macht. Dies kann verschiedene Ursachen haben: ■ Angst vor Verlust des Mitarbeiters. ■ Neid auf die Fähigkeiten des Mitarbeiters und die sich daraus ergebenden Chancen. ■ Angst vor Konkurrenz durch den Mitarbeiter.

Die aufgezeigten Bewertungstendenzen bei der Verarbeitung von Informationen sind ein alltäglicher und selbstverständlicher Vorgang. Sie dienen der Reduzierung von Komplexität und erleichtern es Personen, Informationen aus der Umwelt einzuordnen. Bei Erhalt neuer Informationen wird in der Regel nur so lange nachgefragt, bis eine eindeutige Zuordnung zu bereits vorhandenen Informationen (Bestätigung oder Korrektur) möglich ist. Mit diesem Bezug wird die Information dann abgelegt. Ohne diesen Bezugsrahmen zur Beurteilung von Informationen würde Unsicherheit über die Bedeutung dessen, was wir hören und sehen, das eigene Handeln lähmen.

In einem Assessment Center besteht die Möglichkeit, durch Offenlegung der Bewertungsmuster diese zu steuern und eine Umbewertung einzuleiten, also ein anderes neues Bewertungsschema einzuführen. Vor allem besteht jedoch die Möglichkeit, vorschnelle Zuordnungen zu verhindern, die bereits auf der Basis von sehr wenigen und ausschnittartigen Informationen getroffen werden.

Das Bewusstwerden über den Hypothesencharakter und verzerrte Selektionen der ersten gewonnenen Eindrücke ist die Voraussetzung für eine innere Offenheit, die ersten Eindrücke immer wieder neu zu prüfen. Gerade dieser Vorgang wird im Rahmen der Auswertung der AC-Übungen in den Beurteilungskonferenzen hinterfragt.

Nach der Vorstellung aller Einflussgrößen auf Beobachtung und Bewertung werden die Stärken der AC-Methode bei der Personalauswahl und Potenzialermittlung deutlich. Denn in keinem anderen Verfahren, in dem Personen die Beurteilung übernehmen, werden diese Faktoren derart offengelegt, diskutiert und damit fehlerhafte Einschätzungen revidiert.

8. Rechtliche Rahmenbedingungen des Assessment Centers

Den Arbeitnehmervertretungen kommen hinsichtlich der Ausgestaltung und Anwendung von Assessment Centern weitreichende Mitbestimmungsrechte zu. Die maßgeblichen Ansatzpunkte werden im Folgenden nur grob abgerissen und lassen sich wie folgt unterteilen:

- Informationspflicht nach § 92 BetrVG (Betriebsverfassungsgesetz): Über die Personalplanung und alle sich daraus ergebenden Konsequenzen ist der Betriebsrat umfassend und rechtzeitig zu unterrichten.
- Mitbestimmungspflicht nach § 93 BetrVG: Die Arbeitnehmervertreter können verlangen, dass Funktionen im Unternehmen vor deren Besetzung innerbetrieblich ausgeschrieben werden. Insofern hat der Betriebsrat ein Zustimmungsrecht, wenn es um die Abweichung von dieser Regel geht und im Rahmen eines Assessment Centers anderweitig ausgewählte Mitarbeiter oder nur Externe sich zur Auswahl stellen.

- Mitbestimmungspflicht nach § 94 BetrVG: Beurteilungsgrundsätze sind durch die Arbeitnehmervertretung zustimmungspflichtig, bevor diese angewandt werden. Dies gilt auch für die Grundsätze im Rahmen eines Assessment Centers.
- Mitbestimmungspflichtig nach § 95 Abs. 1 BetrVG: Zustimmung der Arbeitnehmervertreter bei der Erstellung von Richtlinien über die Auswahl von Mitarbeitern.
- Vorschlagsrecht nach § 96 BetrVG: Arbeitnehmervertreter können Vorschläge hinsichtlich der Förderung von Mitarbeitern oder Mitarbeitergruppen unterbreiten.
- Mitbestimmung nach § 99 Abs. 1 BetrVG: Die Arbeitnehmervertreter sind bei der Umsetzung personeller Einzelmaßnahmen zu hören. Dies gilt bei Einstellungen wie bei innerbetrieblichen Veränderungen.

Durch Tarifvertrag oder Betriebsvereinbarung können die Rechte der Arbeitnehmervertreter ausgeweitet sein.

Daneben gibt es noch eine Reihe weiterer Gesetze und Rechtsvorschriften zu beachten, die sich insbesondere auf Gleichbehandlung und Diskriminierung beziehen. Besondere Erwähnung verdient in diesem Rahmen das auf EU-Richtlinien aus den Jahren 2000-2002 (Anti-Rassismusrichtlinie aus 2000, Rahmenrichtlinie Beschäftigung aus 2000, Gender-Richtlinie aus 2002) beruhende Allgemeine Gleichbehandlungsgesetz (AGG) von 2006, umgangssprachlich auch Antidiskriminierungsgesetz (nicht verabschiedeter Gesetzentwurf aus dem Jahre 2005) genannt.[64] Hiernach darf es keinerlei ungerechtfertigte Benachteiligungen von Personen auf Basis von Geschlecht, Glauben, Alter, Behinderung Minderheitenzugehörigkeit, Weltanschauung, sexueller Identität oder ethnischen Herkunft geben. Die Benachteiligung darf weder unmittelbar durch eine weniger günstige Behandlung einer Person gegenüber einer anderen in einer vergleichbaren Situation erfolgen, noch mittelbar durch scheinbar neutrale Vorschriften, Maßnahmen, Kriterien oder Verfahren sein, die sich faktisch jedoch diskriminierend auswirken.

Bei Nichtbeachtung droht ein erhebliches Konfliktpotenzial für Unternehmen. Daher die folgenden Empfehlungen:

- Gehen Sie bei der Ausgestaltung proaktiv auf die Arbeitnehmervertreter zu. Ohnehin werden Sie früher oder später offenlegen müssen, dass Sie ein Assessment Center durchführen. Machen Sie die Betroffenen zu Beteiligten. Nehmen Sie dem Assessment Center das Geheimnisvolle und damit Bedrohliche.
- Binden Sie die Arbeitnehmervertreter frühzeitig in das Verfahren ein.
- Die Einbindung sollte über den gesamten Zeitablauf der Planung, Durchführung und Auswertung erfolgen.
- Verabreden Sie von vornherein die Rolle der Arbeitnehmervertreter im AC: Entweder ganz oder gar nicht, sollte an dieser Stelle gelten.

64 siehe Oberwetter, C. (2006)

- Prüfen Sie, inwieweit Ihr Verfahren AGG-konform ist. Bieten Sie keine Angriffsflächen für Teilnehmer, insbesondere bei der Durchführung von Auswahl-ACs mit externen Kandidaten.

9. Kritische Würdigung von Assessment Centern

9.1 Kritik am Assessment Center

Die Kritik kann in zwei Grundrichtungen unterteilt werden:

- Ein Teil der Kritik ist ideologiegeprägt. Sie ist Ausdruck eines reinen Bauchgefühls. Gleichzeitig werden andere, meist eigene Methoden oder Vorgehensweisen bevorzugt. Eine „wissenschaftliche" oder auch nur eingehend inhaltliche Auseinandersetzung erfolgt jedoch nicht. Die Kritik ist daher wenig zielführend, entspringt sie doch eher dem Gefühl, dem Geschmack, über den sich bekanntlicherweise nicht streiten lässt.
- Der andere Teil der Kritik setzt sich mit der Methodik des Verfahren auseinander. Diese Diskussion wird auf einer wissenschaftlich fundierten Basis geführt. Zentrales Argument ist, dass die Methode wissenschaftlich nicht fundiert sei. Diese Kritik liefert jedoch für die Praxis ebenso wenig eine Hilfestellung, da keinerlei Alternativen angeboten werden.

Die am häufigsten allgemeinen vorgetragenen Kritikpunkte sind:

- Ein Assessment Center ist aufwändig und teuer! Im Vergleich zu anderen Verfahren stimmt dies auf den ersten Blick. Entscheidend ist jedoch der Fakt, dass durch die Anwendung der AC-Methode die Sicherheit, mit der eine Entscheidung getroffen wird, steigt. Es sind somit nicht nur die Kosten der zu vergleichenden Verfahren isoliert zu betrachten, sondern es ist eine Gesamtbetrachtung vorzunehmen. Der Aufwand eines Verfahrens und alle mit einer gewissen Wahrscheinlichkeit auftretenden Folgekosten sind einzubeziehen. Zu den Folgekosten einer fehlerhaften Entscheidung wurden bereits Ausführungen gemacht. Die Folgekosten übersteigen die Kosten des Verfahrens regelmäßig um ein Vielfaches.
- Die Interviewform bei einer Personalauswahl reicht aus! Im Normalfall stimmt diese Aussage. Wobei immer unterstellt sein muss, dass die Vorbereitungszeit und -intensität im Rahmen eines interviewbasierten Auswahlverfahrens die gleiche sein müsste wie beim Assessment Center. Das ist sie in der Praxis jedoch nicht. Allzu häufig werden Interviews ohne große Vorbereitung durchgeführt. Bei jedem Verfahren gibt es gute und auch schlechte Kandidaten. Diese in einem Interview zu identifizieren, ist verhältnismäßig einfach. Daneben gibt es aber noch erheblich mehr Kandidaten, die mittelmäßig sind. Hier ist

mehr Aufwand nötig, um Potenzial zu erkennen und „die Spreu vom Weizen zu trennen“. Dort liefert ein Assessment Center mehr Informationen über einen Kandidaten, die sowohl bei der Auswahl als auch bei der folgenden Integration des Kandidaten in das Unternehmen genutzt werden können.

- Ein Assessment Center ist nur für Großunternehmen! Diese Aussage kann pauschal nicht postuliert werden, da ein Assessment Center sich nicht an der Unternehmensgröße, sondern an der Zielsetzung und dem Inhalt orientiert. Von dem „Assessment Center“ zu sprechen, würde sowieso verfälschen. Es gibt viele Varianten eines Assessment Centers. Letztendlich stellt das Assessment Center eine multimodale Methode für die Personalauswahl und Potenzialermittlung dar. Diese kann auch gezielt bei einer Einzelperson in einem kleinen Unternehmen als Einzel-AC eingesetzt werden, z. B. bei der Auswahl und Entwicklung eines Unternehmernachfolgers.
- Die besten Schauspieler gewinnen immer! In der Tat gewinnt immer derjenige, der sich am besten den Anforderungen gemäß verhält. Im Rahmen eines Assessment Centers besteht die Chance, wie in keinem anderen Verfahren, dass aufgrund der Vielfältigkeit der Situationen und Interaktionen sowie der Dauer bewusst aufgebaute Fassaden oder antrainierte Verhaltensweisen (gespielte Rollen) durchbrochen werden und die Kernverhaltensweisen von Personen zutage treten. Schauspieler, die nur aufgesetzte Verhaltensrepertoires herunterspielen, werden so aufgedeckt. Nur die Teilnehmer, deren Verhalten authentisch ist, halten den Anforderungen des Assessment Centers stand. Diesem Anspruch werden professionell aufgebaute Assessment Center allemal gerecht. Im Gegensatz dazu können bei standardisierten Testverfahren die Kandidaten nach Rückmeldung der Ergebnisse in einem erneuten Durchlauf ihr Antwortverhalten dem erwünschten Antwortverhalten anpassen. Dies geschieht jedoch ausschließlich auf der kognitiven Ebene und nicht aufgrund echter innerer Überzeugung.
- Das Assessment Center ist ein Eingriff in die Autonomie des Managers! Manager werden in ihrer Kompetenz beschnitten, da sie nicht mehr alleine Auswahlentscheidungen treffen können.[65] Dieses Gefühl ist sicherlich eine Hürde, die sowohl von dem Gestalter des Planungsprozesses eines Assessment Centers als auch von dem Entscheider für dieses Verfahren im Personalwesen aus dem Wege geräumt werden muss. Allerdings kann entgegengehalten werden: Die strukturierte Auseinandersetzung mit einer Funktionsbeschreibung und einem Anforderungsprofil und die dabei möglichen gestalterischen Möglichkeiten sind Führungsaufgabe auf höchstem Niveau. Die letztendliche Entscheidung ist der letzte Baustein in einer langen Kette von verantwortungsvollen und anspruchsvollen Managementfunktionen. Das reine Treffen von Entscheidungen ist nur ein Ausspielen von Macht. An der Frage, ob die Vorgesetzten dieses Instrument als Beschneidung ihrer Kompetenzen oder als Chance begreifen, entscheidet sich letztendlich die „Klasse“ des jeweiligen Managers: Handelt es sich um einen Funktionär oder um einen Gestalter? Außerdem ist in der Praxis durchaus erkennbar, dass es auch noch andere Beteiligte bei Entscheidungsfindungen gibt (Personalabteilung, Betriebsrat, nächst höherer Vorgesetzter). Auch ohne Assessment Center trifft keine Führungskraft alleine Personalentscheidungen.

---

65 Durnwalder, K. (Hrsg.) (2001), S. 60

Daneben gibt es viele weitere Einwände aus der Praxis, die an dieser Stelle jedoch nicht weiter vorgestellt und diskutiert werden sollen. Es handelt sich hierbei um Einwände, die auch gegen andere Verfahren vorgebracht werden können. Sie entspringen der ideologiegeprägten Diskussion. Die dazu vorgetragenen Meinungen sind stark von persönlichen Erfahrungen derjenigen geprägt, die diese vortragen. In ihnen steckt jedoch wenig fundierte Kritik an der wissenschaftlichen Grundlage der AC-Methode.

Daneben gibt es eine Reihe von Argumenten, die die Methodik in Frage stellen und Zweifel an der Wissenschaftlichkeit der Methode aufkommen lassen. Insbesondere Kompa (1999) hat sehr detailliert Kritik an der AC-Methode geübt. Hierbei zielt seine Kritik zum größten Teil darauf ab, dass der dargestellte Anspruch und die Wirklichkeit in der Praxis nicht deckungsgleich sind.

Vielfach wird das Assessment Center zur absoluten Methode der Personalauswahl und Potenzialermittlung erhoben, ohne dass dies dem wissenschaftlichen Anspruch gerecht werden kann. Kompa diskutiert in diesem Zusammenhang fünf wesentliche Annahmen, die den Selektionsprozess beeinflussen, jedoch der AC-Methode zugrunde liegen: [66]

1. Der Bereich des Sozialen und Subjektiven besteht aus Fakten, die gemessen werden können! Dem ist nicht so. Es gibt keine objektive Realität. Wir alle leben zwar in einer Welt, aber in unterschiedlichen subjektiv wahrgenommenen Realitäten. Unsere Realität ist durch unsere Wahrnehmung geprägt, die wiederum durch unsere Wertvorstellungen, Erfahrungen etc. beeinflusst wird.

2. Teilnehmer und Beobachter unterliegen in ihrem Handeln und Bewerten keiner Beeinflussung aus ihrer Umwelt! Dem ist nicht so. Die Entscheider in einem Entscheidungsprozess handeln nicht autonom, ebenso wenig wie die Teilnehmer. Sie sind in ein System eingebunden und haben hierbei eine Rolle zu spielen. An diese Rolle sind Erwartungen und Pflichten geknüpft. Andererseits verfolgen sie aber auch eigene Ziele und haben eigene Motive für Entscheidungen und Handlungen. Einige dieser Einflussgrößen auf die Beurteilung wurden bereits bei den Beurteilungstendenzen angesprochen.

3. Es gibt keine Beeinflussung des Verhaltens unter den Teilnehmern. Beziehungen werden auf Basis sachlicher Gesichtspunkte gestaltet! Das ist nicht so. Es existieren Interdependenzen zwischen den Teilnehmern, die situationsunspezifisch sind und sich dabei ausschließlich auf bestimmte Personen und deren Eigenschaften und Verhalten beziehen. Gleiches gilt für die Beobachter und für das Verhältnis zwischen Beobachtern und Teilnehmern. Das heißt, durch den Austausch nur einer Person im Kandidatenkreis oder im Beurteilerkreis können sich das Verhalten und die Bewertung aller Kandidaten ändern.

4. Das Selektionssystem ist unabhängig und nicht durch die Interessen Einzelner manipulierbar! Dem ist nicht so. Es kann kein wertfreier Verfahrenskanon entwickelt werden. Es existieren formelle und informelle Regeln innerhalb jeder Organisation, die Entscheidungen beeinflussen.

---

66 Kompa, A. (1999), S. 8

5. Das Selektionssystem ist autark gegen externe Einflüsse. Die Organisation existiert als geschlossene, abgeschottete Einheit! Dem ist nicht so. So beeinflussen Parameter des externen Arbeitsmarktes (z. B. Verfügbarkeit von Personal) die Rekrutierungsstrategien und damit auch das Selektionsverfahren.

Die wissenschaftlichen Begriffe zur Messung der Güte von Diagnoseverfahren, an denen sich die Kritik festmacht, sind bereits in Teil I, Kapitel 1 diskutiert worden: Reliabilität, Kriterienvalidität, Konstruktvalidität und Objektivität. Die Aspekte, die im Rahmen von Beobachtungs- und Beurteilungsprozessen zu beachten sind, wurden ebenfalls bereits ausführlich bei der Vorstellung der Beurteilungsfehler in Teil I, Kapitel 7 vorgestellt und diskutiert. Entscheidend ist, dass bei der Durchführung von Assessment Centern nicht der Anspruch der „objektiven Wahrheit" erhoben werden darf, denn die Kritikansätze von Kompa sind richtig. Wichtig ist vielmehr, diese Einflüsse offenzulegen, um sie zu antizipieren. Ohne diese Vorgehensweise würden diese Einflüsse unkontrolliert Entscheidungen beeinflussen und das Risiko von Fehlentscheidungen verstärken. Diesen Kontrollmechanismus haben Sie bei der Anwendung anderer Verfahren der Eignungsdiagnostik nicht.

Bei aller Kritik ist nochmals auf die Zielsetzung von Auswahl- und Potenzialermittlungsverfahren hinzuweisen: Es soll Sicherheit bei Personalentscheidungen durch angemessenes Risikomanagement erzielt werden. Hierfür werden heute Techniken eingesetzt, die allesamt keine absolute Wahrheit für sich in Anspruch nehmen können. Bei allen Verfahren, in denen Menschen andere Menschen beurteilen, gibt es keine deterministischen Entscheidungen. Es gibt aber durchaus Konzepte, wie mit den daraus resultierenden Unsicherheiten umgegangen werden kann. Erster Schritt dafür ist die Anerkennung der möglichen Fehlerquellen und das Wissen um deren Ursache. Durch die Auswahl der geeigneten Verfahren wird jedoch für Sie das Risiko bei Auswahlentscheidungen beherrschbar.

Die Vor- und Nachteile der AC-Methode lassen sich tabellenartig folgendermaßen zusammenfassen:

Tabelle 26: *Vor- und Nachteile von Potenzial-ACs*

Vorteile	Nachteile
■ messgenaues Verfahren ■ hohe Objektivität ■ bessere Akzeptanz ■ Bewertungskriterien werden durch das Unternehmen festgelegt ■ hohe Transparenz ■ zielt auf Förderperspektive	■ bindet erhebliche Ressourcen (Mitarbeiter) ■ hoher Zeitaufwand ■ nur mittlere Validität (14 %) ■ Bewertungsverfahren nicht transparent ■ Übungen häufig artifiziell ■ erweckt Erwartungen, die teilweise vom Unternehmen nicht erfüllt werden können

Bei der Menge an Kritik, die an der AC-Methode geübt wird, ist immer zu bedenken, dass gleichzeitig kein Vorschlag für eine andere, ebenso breit angelegte, wie aussagefähige Methode getroffen wird. In Tabelle 27 wird für drei Methoden vereinfacht dargestellt, wo die Parallelen und die Unterschiede im Verfahren liegen.

__Tabelle 27:__ Vergleich von Auswahlverfahren

Stufen/ Verfahren	Assessment Center	Interview	Test
Anforderungsanalyse	Sollte bei allen Verfahren identisch sein. Es gibt keinen Grund, hier zu differenzieren. Allen Auswahlmechanismen liegt zugrunde, dass eindeutig beschrieben werden muss, was ausgewählt werden soll. Nur so kann auch eine zielorientierte Ansprache erfolgen.		
Datensammlung/ Vorselektion	Sollte ebenfalls identisch sein. Sichtung der Bewerberunterlagen, telefonische Vorinterviews, computergestützte Kurztests etc.		
Bewertungskriterien	Bewertungskriterien werden gesammelt, diskutiert und zum Teil auch durchgespielt. Bewertungsfehler werden angesprochen. Eine einheitliche und transparente Basis der Bewertung wird geschaffen.	Bewertungskriterien werden nicht explizit diskutiert. Es wird keine einheitliche und auch keine transparente Bewertungsbasis geschaffen. Jeder Interviewpartner geht mit seinen eigenen Vorstellungen in das Gespräch.	Bewertungskriterien sind in der Testkonstruktion fest verdrahtet/programmiert. Der Nutzer kennt die Zusammenhänge nicht. Eine einheitliche Bewertung ist vorhanden, transparent ist diese nicht.
Datensammlung/ Selektion	Assessment Center wird durchgeführt. Multimodales Verfahren, alle tätigkeitsrelevanten Aspekte werden simuliert und abgeprüft. Dabei findet die Beobachtung und Bewertung statt. Bewertung wird auf eine breite Basis gestellt.	Das Gespräch wird geführt, bestenfalls als multimodales Interview, allerdings gibt es starke Interdependenzen zwischen Interviewer und Interviewtem.	Test wird durchgeführt. Um vielschichtigere Aussagen zu erhalten, sind mehrere Tests durchzuführen, die die jeweilige Zielrichtung abdecken.
Entscheidungsfindung	In der Beobachterkonferenz findet ein Ranking statt und erfolgt eine Empfehlung zur Entscheidung; die Beobachterkonferenz sollte die Kompetenz zur Entscheidung besitzen.	Gespräch wird geführt, der oder die Gesprächsführer werten das Ergebnis aus und treffen eine Entscheidung.	Auswertung der Testergebnisse, Folgen der Empfehlung des Tests.
Umsetzung der Entscheidung	Wie bei den anderen Verfahren, jedoch zusätzlich Feedback über Beobachtungsergebnisse und Einleitung eines Qualifizierungsplans.	Der Vertrag wird verhandelt, ein Einarbeitungsplan wird erstellt. Die Integration übernimmt der Vorgesetzte im Arbeitsalltag.	

Es ist ersichtlich, dass die der Vorselektion nachfolgenden Schritte erheblich voneinander abweichen. Bei allen Verfahren sollten die Schritte im Vorfeld des eigentlichen Selektionsprozesses jedoch identisch sein, aber ist dies in der Realität so?

- Bei der **Anforderungsanalyse** wird bei anderen Verfahren, insbesondere der Interviewmethode, in der Regel nicht so detailliert gearbeitet wie beim Assessment Center. Dies hat seine Ursache darin, dass der für ein Assessment Center notwendige Detailgrad in der Folgezeit nicht genutzt wird. In der Praxis wird so viel Zeit und Aufwand investiert, wie es notwendig ist, die Methoden und Instrumente mit Informationen zu bestücken. Da in der Regel kein standardisiertes Interview genutzt wird, erfolgt die Vorbereitung auf das Interview im Vorfeld des Interviews anhand der Bewerbungsunterlagen. Da in der Regel kein spezifischer Test für die Auswahl eines Kandidaten entwickelt wird, bedarf es auch keiner eingehenden Anforderungsanalyse für die Vorbereitung des Tests. Die Anforderungsanalyse beschränkt sich wie beim Interview darauf, genügend Daten für das Rekrutierungsverfahren zu gewinnen. Hier agieren viele Personalentscheider häufig wie Kaffeesatz- oder Handlinienleser.
- Die **Vorselektion** erfolgt nach K.O.-Kriterien. Daher kann davon ausgegangen werden, dass dieses bei allen Verfahren in der gleichen Güte erfolgt. Die Frage ist nur, ob das K.O.-Kriterienraster bei intensiver Beschäftigung mit einem Anforderungsprofil genauer festgelegt werden kann. Aber es gibt noch andere Faktoren, die die Güte der Vorselektion beeinflussen, wie z. B. die Anzahl der Bewerber. Bei einem aufwändigeren Auswahlverfahren wird eher darauf geachtet, die Anzahl der Kandidaten auf die Top-Kandidaten zu begrenzen, die die Kriterien erfüllen. Zu einem Interview ist schneller jemand eingeladen, ein Test ist schneller durchgeführt, als dies bei einem Gruppen-AC und insbesondere Einzel-AC der Fall ist.

Das Assessment Center ist ein Verfahren zu Beobachtung und Einschätzung von Verhalten, Merkmalen, Qualifikationen und Potenzialen. Das Assessment Center macht hierbei Anleihen bei allen Einzelverfahren zur Einschätzung und Beurteilung der Bewerber. Ein Assessment Center verbindet „ausschließlich“ die Elemente anderer Verfahren zu einem Metaverfahren. Aus Kompatibilitätsgründen und zur Qualitätssicherung werden die Einzelverfahren in ein enges Korsett einer strukturierten Vorgehensweise eingebunden. Dieses impliziert mehr Sicherheit in der Auswahl und Potenzialbestimmung, mehr Sicherheit, als es jedes Einzelsystem geben kann.

Vorteil der AC-Methode ist, dass Kandidaten in verschiedenen Situationen erlebt werden, insbesondere in der Interaktion mit anderen in Situationen, in denen Machtverhältnisse zu klären sind. Gerade solche Phasen sind kritisch, da hier der Grundstein für erfolgreiche bzw. erfolglose Zusammenarbeit gelegt wird. In dem Fall bedarf es eines besonderen Augenmerks auf die Kompetenzen der Kandidaten. Diese sind in „Eins zu Eins Situationen“, in denen in der Regel retrospektiv gearbeitet wird, wie z. B. in Interviews, nicht abbildbar.

Der vergleichsweise hohe Aufwand eines AC-Verfahrens wird deutlich relativiert, wenn man die Schwächen und damit die Risiken der herkömmlichen Verfahren betrachtet, was noch dadurch verstärkt wird, dass die reale, im Unternehmen angewandete Form von der idealtypischen Durchführungsweise zum Teil erheblich abweicht. Beim Vergleich der unterschiedlichen Verfahren in ihrer idealtypischen Form ist auffällig: Der Aufwand, der mit der Anwendung der anderen Verfahren verbunden ist, steigt deutlich an und ist erheblich, teilweise sogar vergleichbar mit dem der AC-Methode. Aus Gründen der höheren Sicherheit bei Entscheidungen überwiegen dann aber die Argumente für das Assessment Center schon alleine aufgrund seiner Vielfalt an Beobachtungssituationen und der daraus gewonnenen Erkenntnisse.

Andere Verfahren binden ebenfalls vergleichsweise viel Zeit. Eingehend geführte Interviews benötigen eine erhebliche Vorbereitungs-, Durchführungs- und Nachbereitungszeit. Z. B. bindet jedes Interview mit zwei Interviewpartnern in Summe mindestens fünf Stunden (zwei Stunden Interviewzeit, zwei Stunden Vorbereitungszeit, eine Stunde Nachbereitungszeit). Wird dieser Zeitaufwand mit dem verbundenen Risiko ins Verhältnis gesetzt, so sind die vermeidlich hohen Kosten auch bei Durchführung von Einzel-ACs zur Personalauswahl gering. **Kostentreiber sind nicht die Auswahlprozesse, sondern die Folgekosten, die bei fehlerhafter Entscheidung entstehen.**

Fazit

Begreifen wir die Kritik an der AC-Methode als Chance! Bei keiner anderen Methode wird vergleichbar intensiv und detailliert wegen der Kritikäußerungen eine Fehlersuche und -korrektur betrieben. Schon die Diskussion über die Fehlerquellen schafft eine Sensibilisierung und ist der erste Schritt, die Fehler zu vermeiden, die bei den anderen Auswahl- und Potenzialermittlungsverfahren erst gar nicht hinterfragt werden. Entscheidungen von Menschen über Menschen werden immer individuelle und subjektive Elemente beinhalten. Letztendlich müssen ja auch Menschen mit allen ihren Fehlern zusammenarbeiten.

Psychologe und AC-Spezialist Ernst Fay mit Erfolgstipps für den Sprung über die Einstiegshürde

mm: Herr Fay, gibt es Ihrer Erfahrung nach so etwas wie eine "Goldene Regel" für Bewerber, die sich in einem Assessment-Center behaupten müssen?

Experte Ernst Fay: Wenn ich wirklich nur einen einzigen Tipp geben darf: Seien Sie, wer Sie sind. Spielen Sie auf keinen Fall eine Rolle vor.

mm: Bedeutet das auch, dass ich mich nicht weiter auf ein AC vorbereiten kann oder sollte?

Experte Ernst Fay: Nein. Das bedeutet es nicht. Sie können sich nicht nur vorbereiten, meines Erachtens müssen Sie sich vorbereiten. Wie diese Vorbereitung aussehen kann, darauf werden wir an anderer Stelle sicher noch zu sprechen kommen.

mm: Viele haben Angst vor einem AC. Ist das beabsichtigt?

..

mm: Trotzdem wird ein "Mythos AC" aufgebaut.

Experte Ernst Fay: Ein AC ist heute aus der Welt eines in den Beruf eintretenden Hochschulabsolventen nicht mehr wegzudenken. Sollte es bei Ihnen mystischen Charakter haben, dann befreien Sie sich davon.

..

mm: Wie aussagefähig ist eigentlich ein AC?

Experte Ernst Fay: Es gibt meines Erachtens ein aussagefähigeres Verfahren als das AC: die halbjährige Probezeit. Mit anderen Worten: Es ist wohl nichts Besseres auf dem Markt als das AC.

mm: Gibt es Langzeit-Studien, die den Erfolg der Personalsuche über das AC belegen?

Experte Ernst Fay: Ja, es gibt eine ganz berühmte Studie, die von ATT (einem amerikanischen Telekommunikationsunternehmen) durchgeführt worden ist und die gezeigt hat, dass das AC eine ganz vorzügliche Vorhersagekraft besitzt.

mm: Ist der psychologische Druck, der bei so manchem AC erzeugt wird, nicht übertrieben? Solchen Druck habe ich später im Job doch in der Regel nicht.

Experte Ernst Fay: In ACs, die wir veranstalten, hat der Druck den Stellenwert, den er auch im Berufsalltag hat. Das heißt, es gibt einige Situationen, die für Sie "stressig“ sind. Die meisten jedoch sind – wie im Berufsalltag – eher stressfrei.

mm: Sind ACs nicht oft eine reine Show-Veranstaltung, in der Kontrahenten sich zumeist verstellen und bestimmte Qualifikationen wie "soziale Kompetenz" untergehen?

Experte Ernst Fay: Jede Einweisung von Beobachtern eines ACs zielt darauf ab, das zu vermeiden. In einem guten AC wird der Showman als solcher entdeckt.

mm: Wenn der "erste Eindruck" schlecht ist, sind dann "Hopfen und Malz" verloren?

Experte Ernst Fay: Auf gar keinen Fall. Aber es wird schon geschaut, wie gut Sie in der Lage sind, ein Publikum für sich einzunehmen. Das ist vor allem dann wichtig, wenn Sie zum Beispiel eine Aufgabe übernehmen, in der Sie das Unternehmen nach außen vertreten. Doch ist dies natürlich nicht alles, was in einem AC abgeprüft wird. Die Beobachter sind gehalten, mehr als diesen ersten Eindruck wahrzunehmen – und in der Regel schaffen sie das auch.

Quelle: Auszug aus einem Interview im Manager Magazin vom 15.01.2002

9.2 Nutzen von Assessment Centern für Unternehmen

Ein Assessment Center entfaltet in mehrfacher Hinsicht einen Nutzen. Dieser entsteht für alle Akteure, Teilnehmer wie Beobachter. Daraus ergibt sich insgesamt auch ein Nutzen für das Unternehmen:

- Personalentscheidungen finden vor dem Hintergrund eines einheitlichen Anforderungsprofils statt. Dieses Profil orientiert sich an den im Unternehmen postulierten Grundsätzen zur Führung und an den strategischen Zielen des Unternehmens.
- Das Assessment Center leistet selber einen aktiven Beitrag zur Durchsetzung eines definierten Führungsstils. Beobachter und Teilnehmer setzen sich mit den daraus resultierenden Anforderungen auseinander.
- Durch die Mischung aus unterschiedlichen Aufgabenstellungen und -typen mit verschiedenen Anforderungsgraden sowie der Vielfalt der gruppendynamischen Prozesse lassen sich die zukünftigen Anforderungen ganzheitlich abbilden. Dadurch entsteht eine höhere Aussagekraft bezüglich einer erfolgreichen Stellenbesetzung oder Entwicklung.
- Durch die Transparenz des Entscheidungsprozesses werden Personalentscheidungen nachvollziehbar gestaltet.
- Das Risiko von durch subjektive Entscheidungen geprägten Fehlbesetzungen sinkt, die Orientierung an gemeinsam getragenen Anforderungsprofilen steigt. Dadurch sinkt insgesamt das Risiko von Fehlbesetzungen bei Auswahlentscheidungen.
- Das Unternehmen erhält einen detaillierten Überblick über das quantitative und qualitative Managementnachwuchspotenzial. Dieses ist die Basis für eine strategische Personalplanung.
- Die Akzeptanz, Feedback zu geben und Feedback zu nehmen, steigt an, da dies ein zentrales Instrument insbesondere in den Entwicklungs-ACs darstellt. Hierdurch wird aktiv das Durchsetzen eines beabsichtigten Führungsstils flankiert. Ein Assessment Center wirkt somit kulturprägend.
- Durch die Eröffnung von Entwicklungs- und Qualifizierungsmöglichkeiten wird die Mitarbeiterbindung erhöht, was sich direkt auf die Produktivität und damit den Unternehmenserfolg auswirkt.

9.3 Nutzen von Assessment Centern für Teilnehmer

Der Nutzen für die Teilnehmer lässt sich folgendermaßen charakterisieren:

- Die „Objektivität“ des Verfahrens „garantiert“ Mitarbeitern bzw. Kandidaten gleiche Chancen innerhalb des Prozesses. Auch bei der Vorselektion werden durch die intensivere Auseinandersetzung mit dem Anforderungsprofil die objektiven Kriterien stärker fokussiert. Entscheidungen werden nachvollziehbar, sind intersubjektiv nachprüfbar.
- Die Mischung aus unterschiedlichen Aufgabenstellungen und -typen mit verschiedenen Anforderungsgraden sowie die Vielfalt der gruppendynamischen Prozesse geben den Teilnehmern die Möglichkeit, sich ganzheitlich zu präsentieren.
- Die Teilnehmer erhalten gezielte Rückmeldung über ihre Stärken und Schwächen. Sie dient ihnen selber zur Orientierung für ihre weitere Karriere.
- Durch die „Objektivität“ und „Transparenz“ sind die Akzeptanz des Verfahrens und der Beobachtungsergebnisse hoch. Hierdurch nehmen die Kandidaten das geäußerte Feedback an, was zu hohen Lerneffekten und geringen Lernblockaden führt.
- Auf der Basis der Beobachtungen und Bewertungen sowie der Selbsteinschätzung des Teilnehmers können und sollten gezielt individuelle Entwicklungsmaßnahmen festgelegt werden. Diese sind Teil einer Karriereentwicklung.
- Das Risiko, eine Funktion anzunehmen, für die entweder nicht genügend Qualifikationen vorhanden sind oder die in ihrem Schwerpunkt nicht den eigenen Neigungen und Stärken entspricht, wird verringert. Damit verringert sich auch das Risiko des Teilnehmers, einen falschen Karriereschritt zu tun.

Bei dynamischen Formen des Assessment Centers ergeben sich durch die ausgeprägten Feedback-Situationen weitere positive Auswirkungen für die Teilnehmer:[67]

- Das Vermögen zur realistischeren Selbsteinschätzung steigt. Die Übereinstimmungen zwischen Fremd- und Selbstbild nehmen signifikant zu. Dies vermindert Konfliktsituationen, die darauf beruhen, dass unterschiedliche Vorstellungen der Realität existieren.
- Die Teilnehmer erhalten eine klare Erkenntnis darüber, wie andere sie sehen und einschätzen. Dies bildet die Grundlage zur Ableitung eigener zielgerichteter Aktionen. Ohne Feedback können auch Aktionen oder Anpassungen eingeleitet werden, aber mehr nach dem Prinzip „trial and error“, da keine genaue Kenntnis der Ursache gegeben ist.
- Kompetenzentwicklung und Lerneffekte können auch ohne die Durchführung von nachgelagerten Qualifizierungsmaßnahmen festgestellt werden. Alleine das Feedback bewirkt nachweisbare Verhaltensänderungen. Die Teilnehmer können ihre Fähigkeit, sich auch kurzfristig an Situationen anzupassen und Lerneffekte zu erzielen, unter Beweis stellen.

67 Klebl, U. (2006), S. 61ff

- Die Teilnehmer können Netzwerke bilden. Gerade in einem entwicklungsorientierten Assessment Center nehmen Kandidaten gleicher Interessenlage und Hierarchieebene teil. Hier bilden sich Netzwerke, die auch im Arbeitsalltag wertvoll sind. Insbesondere dann, wenn die Teilnehmer aus unterschiedlichen Unternehmensstandorten kommen (Prinzip: Kleiner Dienstweg).
- Die Offenheit, mit anderen Teilnehmern oder im Nachgang auch mit anderen Personen eigene Probleme zu diskutieren, steigt. Durch Feedback entsteht ein neues Verständnis von Problemen und deren Lösungsmöglichkeiten.

9.4 Nutzen von Assessment Centern für Beobachter

Beobachter sind Führungskräfte Ihres Unternehmens. Der direkte Nutzen für diese Personengruppe lässt sich folgendermaßen charakterisieren:

- Die Beobachter entwickeln durch die Beobachtungssituationen und die nachgelagerten Beobachterkonferenzen, in denen Beobachtungseindrücke ausgetauscht und diskutiert werden, ein geschärftes Beobachtungsbewusstsein und eine verbesserte Wahrnehmungsfähigkeit für Verhalten. Die „Antennen“ werden neu ausgerichtet.
- Durch diese Diskussionen und die verbesserte Wahrnehmung steigt auch die Beurteilungskompetenz, also das Vermögen, die beobachteten Verhaltensweisen zu hinterfragen und richtig einzuordnen.
- Durch die Feedback-Situationen und die Vorbereitung darauf in den Beobachterschulungen verbessert sich die Feedback-Kompetenz der Beobachter. Dies hat direkten positiven Einfluss auf das Führungsverhalten der Beobachter in der Organisation auch anderen Mitarbeitern gegenüber.
- Die Beobachter bauen in gewissem Sinne eine Coaching-Kompetenz auf. Erster Schritt ist hierbei die Erkenntnis, dass Fördern und Fordern von Mitarbeitern eine Hauptfunktion von Führung ist. Diese Funktion wird aktiv durch das Feedback-Gespräch wahrgenommen.
- Auch die Beobachter bilden neue Netzwerke aus. Selbst wenn sich die Beobachter bereits gut kennen und diese eine lange Zusammenarbeit in der Organisation verbindet, so brechen in einer Beobachterfunktion die bisher gelebten Rollen auf. Man nimmt neue Verhaltensaspekte an seinen Kollegen wahr.
- Durch die erlebte Offenheit im Beobachterkreis steigt der Grad der Diskussion von eigenen Problemen in Führungssituationen untereinander. Dies kann der Einstieg in eine selbstgesteuerte Supervisionskultur sein.

- Aus der Beobachtung der Teilnehmer in den Übungen ergeben sich Lerneffekte. Die Beobachter nehmen erfolgreiches und weniger erfolgreiches Verhalten wahr, reflektieren dieses unbewusst mit eigenem Verhalten in vergleichbaren Situationen und ziehen hieraus ihre Schlüsse für ihr zukünftiges Verhalten. Dieser Effekt ist insbesondere dadurch gegeben, dass in den Feedback-Gesprächen die Beobachter Verhaltensbeobachtungen und Veränderungsvorschläge aktiv mit den Teilnehmern diskutieren müssen. Die Beobachter wirken dabei und auch in der Folgezeit für die Kandidaten als sogenannte „Role Models"/Vorbilder.

- Die Beobachter befinden sich in einer Zwickmühle. Sie haben bisher möglicherweise andere Verhaltensweisen im Unternehmen an den Tag gelegt und somit ihre Rolle als Vorgesetzte anders gelebt und ausgefüllt, als es das idealtypische Anforderungsprofil erfordert hätte. In der Diskussion um das Anforderungsprofil werden sie jedoch indirekt mit den Differenzen konfrontiert. Sie müssen selber idealtypisch handeln, indem sie zum einen nach den Kriterien des Anforderungsprofils bewerten müssen und auch im Sinne der geforderten Führungsphilosophie im Weiteren handeln müssen. Hierdurch müssen sich die Beobachter zu Rollen-Vorbildern im Unternehmen bei der Umsetzung von geänderten Führungsphilosophien entwickeln, wenn sie nicht an Glaubwürdigkeit verlieren wollen.

Von daher kann festgehalten werden: Die Teilnehmer bzw. Kandidaten haben die Chance, sich zu verändern und Karriere zu machen. Auswirkungen auf ihre derzeitige Funktion hat dies nicht. Die Beobachter hingegen müssen sich gemäß einem idealtypischen Führungs-Anforderungsprofil anpassen, um weiterhin in ihrer derzeitigen Position erfolgreich zu sein.

Wie wichtig der Umstand ist, dass Führungskräfte in ihrer Rolle eine Vorbildfunktion haben, zeigte eine Befragung zur Sozialkompetenz von Führungskräften in 600 deutschen Unternehmen.[68] Dort gaben 75 Prozent der Befragten an, dass gute Umgangsformen bei Führungskräften wichtiger sind als bei Mitarbeitern. Zwei Drittel betonten hierbei die Vorbildfunktion der Vorgesetzten. Fast 90 Prozent der Befragten gaben an, dass sie einen Zusammenhang zwischen Benehmen und persönlichem Erfolg sehen.

Freiherr von Knigge (1751-1796) lässt grüßen!

68 Umfrage der CGC – Claus Goworr Consulting GmbH, Ellenbogenverhalten oder Sozialkompetenz – wie wichtig sind gute Umgangsformen bei Führungskräften?, München, März 2005

Teil II: Die Konstruktion von Assessment Centern

Nachdem die theoretischen Grundlagen, Modelle und Methoden von Assessment Centern dargestellt wurden und eine Einordnung in das gesamte Portfolio der Auswahl- und Potenzialermittlungsinstrumente vorgenommen wurde, wird nun die praktische Handhabung und Umsetzung dargelegt.

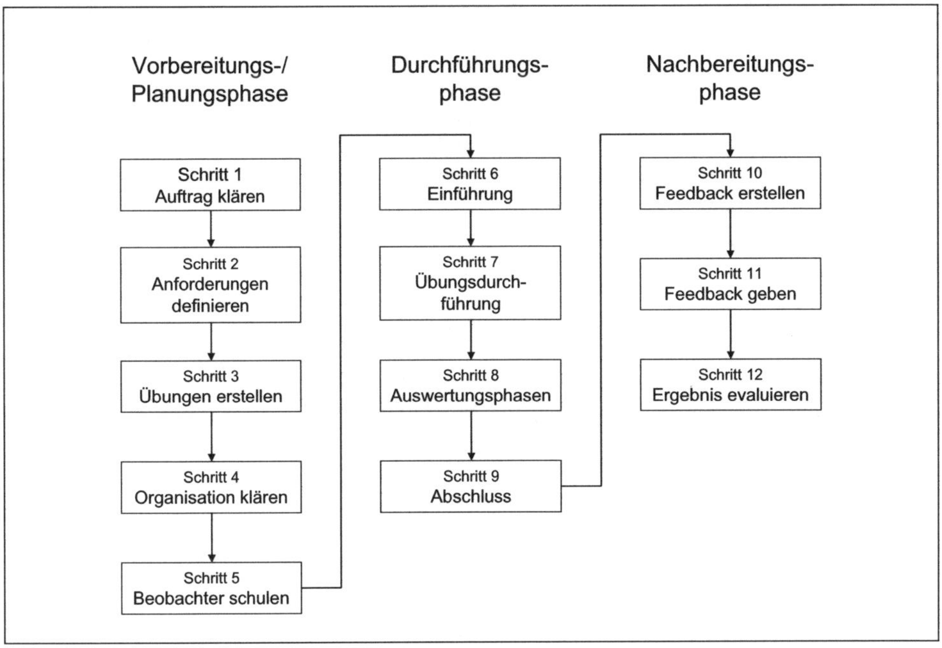

Abbildung 14: *Phasen eines Assessment Centers*

Der Ablauf eines Assessment Centers kann in drei Phasen unterteilt werden:

- **Vorbereitungsphase/Planung:** In dieser Phase werden die Grundlagen für das erfolgreiche Gelingen eines Assessment Centers geschaffen.

- **Durchführungsphase:** In dieser Phase geht es um die stringente Umsetzung der gesamten Planung.
- **Nachbereitungsphase:** Abschließend werden hier die Weichen gestellt, wie mit den Ergebnissen und Informationen aus dem Assessment Center verfahren wird und diese in andere personalwirtschaftliche Instrumente einfließen.

Die Entwicklung eines Assessment Centers wird entlang der jeweiligen Phasen detailliert dargestellt. Checklisten zu den einzelnen Schritten dienen Ihnen zur Reflexion darüber, ob Sie alle notwendigen Aspekte bedacht haben.

1. Vorbereitungs-/Planungsphase

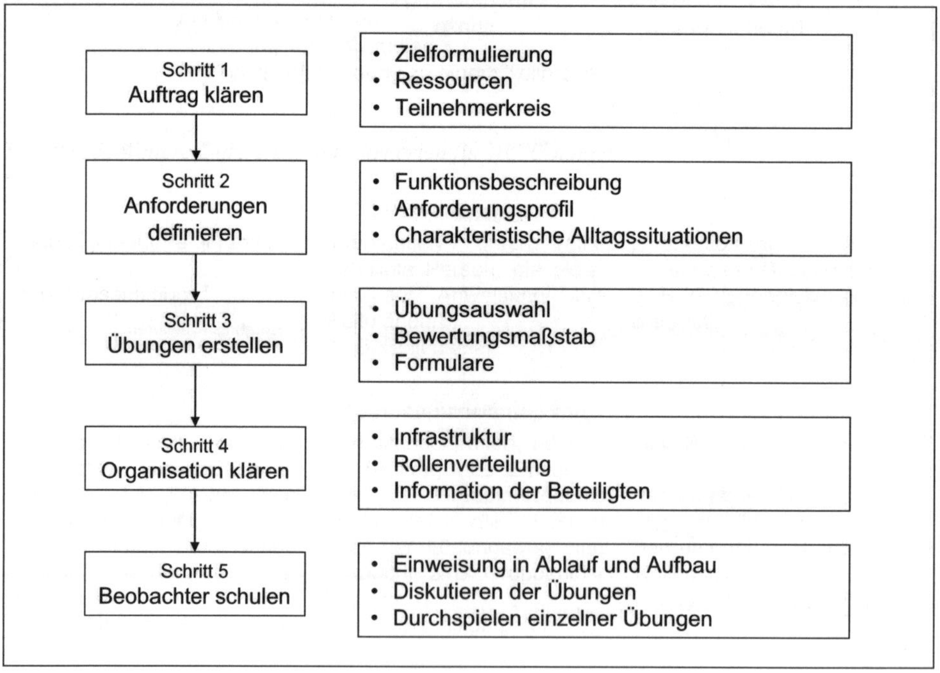

Abbildung 15: *Ablauf der Vorbereitungs- und Planungsphase*

Checkliste zur Auftragsklärung (Schritt 1)

☑ Was soll am Ende der Maßnahme erreicht werden? Was sind die Ziele? Gibt es Nebenziele?

☑ Gibt es alternative Verfahren oder Methoden, die angewandt werden könnten, um das Ziel zu erreichen?

☑ Führen diese anderen Verfahren eher zum Ziel (geringerer Aufwand bei gleicher oder gar höherer Sicherheit)?

☑ Wer bildet die Zielgruppe (Teilnehmer)?

☑ Wer wird aktiv einbezogen (Beobachter)?

☑ Wer ist der Auftraggeber?

☑ Wie ist der Auftraggeber in die Organisation eingegliedert? Welche Macht hat dieser? Welche Rückendeckung können Sie sich von ihm erhoffen?

☑ Gibt es Erfahrungen mit der AC-Methode? Ist sich der Auftraggeber der Tragweite des Instrumentes bewusst?

☑ Gibt es Gründe, die gegen den Einsatz der AC-Methode sprechen (z. B. Missbrauch als Machtinstrument, Ängste, generell fehlende Akzeptanz für das Verfahren)?

☑ Gibt es bereits Erfahrungen mit der AC-Methode im Unternehmen? Wenn ja, welche sind das?

☑ Welches Budget steht zur Verfügung (Zeit, Geld)?

☑ Wer wird auf die Informationen (Beobachtungen, Bewertungen) Zugriff haben? Wer wird diese nutzen? Wofür werden diese genutzt?

☑ Wie wird die Evaluation der Ergebnisse geregelt?

☑ Haben Sie den Betriebsrat einbezogen?

Bei der Auftragsklärung ist es in erster Linie wichtig festzustellen, ob das Assessment Center der richtige Ansatz ist. Hierbei wird grundlegend festgelegt, welche AC-Form gewählt wird. Davon hängt wiederum ab, welche Ressourcen Sie für die Durchführung benötigen. Ferner ist es wichtig zu wissen, wie viel Rückendeckung Sie für dieses Instrument im Unternehmen haben. Die Höhe der vorhandenen Akzeptanz bestimmt die Intensität, mit der Sie die Anwendung des Assessment Centers vorbereiten müssen.

Hier gilt der Grundsatz: Je genauer und intensiver Sie die Ziele und Rahmenbedingungen klären, umso besser können Sie das Design des Assessment Centers an die unverrückbaren Rahmenbedingungen anpassen und Akzeptanzprobleme vermeiden. Einmal in der Organisation kommuniziert, sollte es keinen Rückzieher mehr von diesem Instrument geben. Ansonsten verlieren Ihre Mitarbeiter das Vertrauen in die Organisation und das Management.

Besonderes Augenmerk gebührt der Auswahl des Teilnehmerkreises. Insbesondere bei einem Assessment Center mit internen Kandidaten ist zu klären, wie die Teilnehmer benannt und selektiert werden. Hierbei darf es keine Überraschungen für die Betroffenen geben, aber ebenso wenig Enttäuschungen. Auswahlregeln müssen nachvollziehbar gestaltet sein (Transparenzprinzip), ansonsten besteht keine Akzeptanz der Selektionsentscheidung.

Checkliste zur Definition der Anforderungen (Schritt 2)

☑ Existiert eine Stellenbeschreibung/Funktionsbeschreibung? Gibt es andere Informationen über den Tätigkeitsbereich?

☑ Wer ist zu den Anforderungen der Funktion zu befragen (intern/extern)?

☑ Haben Sie die Funktionsbeschreibung überprüft und gegebenenfalls überarbeitet?

☑ Haben Sie die erfolgskritischen (wichtigen) Anforderungsmerkmale ermittelt?

☑ Sind diese Anforderungsmerkmale eindeutig beschrieben? Gibt es Überschneidungen mit anderen Anforderungsmerkmalen?

☑ Wurden die erfolgskritischen Situationen (Critical Incidents) für die betreffende „Funktion" ermittelt?

☑ Haben Sie nochmals nach Festlegung der erfolgskritischen Situationen verglichen, ob die von Ihnen festgelegten kritischen Anforderungsmerkmale der betrachteten Funktion auch in diesen Situationen abgefordert werden? Sind vielleicht neue Anforderungsmerkmale dabei aufgetaucht?

☑ Haben Sie ein Soziogramm erstellt?

Die Definition der Anforderungen erfolgt in mehreren Schritten:

- Es ist die Zielfunktion oder die Zielhierarchie festzulegen. Bei einem Auswahl-AC ist eine detaillierte Funktionsbeschreibung zu erstellen. Bei einem Potenzial-AC zur Ermittlung des Entwicklungspotenzials für eine nächst höhere Hierarchieebene sind die Hauptfunktionen für Manager auf dieser Ebene zu definieren. Hierbei ist die Einordnung der Funktion in das Unternehmen zu betrachten. Dazu bieten sich ein Organigramm und eine Prozessübersicht an. Um die Verknüpfungen des Funktionsinhabers innerhalb und außerhalb der Organisation und seine unterschiedlichen Rollen hierbei aufzuzeigen, sollten Sie ein Soziogramm erstellen. Dort werden die Schnittstellen der Funktion bildlich festgehalten und gemäß ihrer Eigenart kategorisiert und beschrieben. Die kritischen Schnittstellen und Beziehungen zu Personen werden gekennzeichnet. Die kritischen Beziehungen müssen priorisiert in den Übungen des Assessment Centers abgebildet werden.

- Für diese „Funktion" sind dann Anforderungen zu beschreiben. Aus einem im Vorfeld erstellten standardisierten Kriterienkatalog von Anforderungen können diejenigen Anforderungen herausgegriffen werden, die für die erfolgreiche Erfüllung der mit der Funktion verbundenen Aufgaben besonders erfolgskritisch sind. Hierzu bietet es sich an, „Experten" zu befragen. Dies können sein der direkte Vorgesetzte, der nächst höhere Vorgesetzte (Großvater-Prinzip), der derzeitige Stelleninhaber, Stelleninhaber vergleichbarer Funktionen oder andere Stakeholder der Funktion wie Kunden, Mitarbeiter etc. Bei einem Potenzial-AC ist eine weitere Variante, diese Erarbeitung im Rahmen der Beobachterschulung durchzuführen. Dies hat den Vorteil, dass die Beobachter sich sehr intensiv in die gesuchten Anforderungen hineindenken können und eine einheitliche Interpretation der Anforderungsmerkmale vorhanden ist.

- Aus den Aufgaben der Funktion und den damit verbundenen Anforderungen lassen sich typische Alltagssituationen ableiten, in denen ein Positionsinhaber besonders gefordert ist. Nicht alle dieser Situationen haben die gleichen quantitativen und qualitativen Anforderungen und sind somit erfolgskritisch. Es sind die Situationen aus dem Alltagsgeschäft herauszugreifen, die den zukünftigen Arbeitsalltag am besten repräsentieren und deren positive Gestaltung und Bewältigung für den Beitrag der Funktion innerhalb des Unternehmens erfolgskritisch sind. Die Mischung dieser Situationen muss alle kritischen Anforderungen abdecken und in etwa auch den Schwerpunkt der Anforderungen widerspiegeln. So sind bei stark gruppenspezifischen Funktionen beispielsweise eher Situationen zu suchen, die mit der Gestaltung von gruppendynamischen Prozessen zu tun haben, und nicht Situationen, in denen Einzelarbeiten dominieren. Vertriebler müssen in Vertriebssituationen getestet werden, das ist der Schwerpunkt ihrer Tätigkeit.

Checkliste für die Übungserstellung (Schritt 3)

- ☑ Eignen sich die Critical Incidents zur Beschreibung für Übungssituationen?
- ☑ Entspricht die Mischung der Übungssituationen dem Alltag?
- ☑ Sind die Übungen eindeutig beschrieben?
- ☑ Können in den jeweiligen Übungen die jeweiligen Anforderungsmerkmale beobachtet werden?
- ☑ Können Sie jedes Anforderungsmerkmal in mindestens zwei verschiedenen Übungen beobachten?
- ☑ Haben Sie für die Anforderungsmerkmale die Verhaltensweisen beschrieben, die das Vorhandensein der richtigen Ausprägung dieses Anforderungsmerkmals charakterisieren und damit beobachtbar machen?
- ☑ Stehen Kosten (Zeit) und Nutzen (Möglichkeit der Beobachtungen der Anforderungsmerkmale zur sicheren Urteilsfindung) in einem sinnvollen Verhältnis?
- ☑ Ist der Schwierigkeitsgrad der Übungen den Voraussetzungen der Kandidaten angepasst (Unterforderung/Überforderung)?
- ☑ Haben Sie eine Bewertungsskala eingerichtet?
- ☑ Haben Sie die Beobachtungsbögen erstellt?
- ☑ Haben Sie sichergestellt, dass Ihre Übungen nicht gegen das Allgemeine Gleichbehandlungsgesetz (AGG) verstoßen?
- ☑ Was sagt der Betriebsrat?

Die Erstellung der Übungen erfolgt in mehreren Schritten:

- Durch die Ermittlung der Critical Incidents haben Sie bereits die Situationen herausgearbeitet, die in hohem Maße die erfolgskritischen Anforderungsmerkmale abprüfen. Zuerst ist festzulegen, welche Anforderungsschwerpunkte die Funktion erhält. In der Merkmalsmatrix erkennen Sie, welche Übungen sich insbesondere zur Beobachtung der jeweiligen Anforderungen eignen. Nun ist zu klären, ob diese in eine „Übungssituation" umfunktioniert werden können.

- Die Übungen sind festzulegen und genau zu beschreiben. Die zu beobachtenden Anforderungsmerkmale sind den Übungen zuzuweisen. Hierbei müssen Sie genau darauf achten, dass diese Anforderungsmerkmale auch in den Übungen beobachtbar sind. Legen Sie hierzu fest, durch welches Verhalten das jeweilige Anforderungsmerkmal in der jeweiligen Übung gekennzeichnet ist. Die Beschreibung der Übung erfolgt standardisiert auf einem Aufgabenblatt. Dort sind alle Rahmendaten anzugeben, die der Kandidat zum Zeitpunkt der Aufgabenübertragung wissen sollte. Die Beschreibung ist so detailliert vorzunehmen, dass es keiner Rückfragen bedarf.

- Nach Festlegung aller Übungen ist darauf zu achten, dass die Mischung der Übungen dem Alltag der Funktion entspricht und die Übungen möglichst realistisch sind. Achten Sie darauf, dass kein Teilnehmer aufgrund einer Übungssituation einen Vorteil gegenüber den anderen Teilnehmern hat. Insbesondere wenn fachliche Inhalte eine Übung dominieren, besteht die Gefahr, dass starke Unterschiede hinsichtlich des Vorwissens bei der Übungsdurchführung auf der einen Seite das Verhalten der Teilnehmer beeinflussen und auf der anderen Seite zu Verzerrungen in der Beobachtung und Bewertung führen. Ferner müssen die Übungsinstruktionen eindeutig sein, keinen Interpretationsspielraum beinhalten (insbesondere dort nicht, wo Sie es nicht wollen) und in kurzer Zeit den Teilnehmern vermittelt werden können.

- Zum Eintragen der Beobachtung und zur Durchführung der Bewertung benötigen Sie einen Beobachtungsbogen. Dieser ist pro Übung zu erstellen und für jeden Teilnehmer individuell durch die Beobachter auszufüllen. Bei Gruppenübungen bietet es sich an, einen Beobachtungsbogen für die Dokumentation des zeitlichen Ablaufs und des Gesamteindruck der Übung auszufüllen. So ist es den Beobachtern möglich, auch nach Durchführung der Übung noch nachzuvollziehen, wie gerade bei langen Übungen der generelle Ablauf war. Auch auf den individuellen Beobachtungsbögen sollten Sie einen Bereich vorsehen., in dem der Beobachter individuelle, nicht anforderungsbezogene Beobachtungen in einer zeitlichen Reihenfolge eintragen kann. Lassen Sie den Bogen durch den Betriebsrat „absegnen“.

- Zur Bewertung der Beobachtungen benötigen Sie eine Skala. Hier bieten sich zwei grundlegende Konzepte an. Beim ersten Konzept (Skala 1 in der Tabelle 28) gibt es eine Soll-Linie. Wird diese erreicht, wird also das geforderte Verhalten in Bezug auf ein Anforderungsmerkmal gezeigt, ist dieses Anforderungsmerkmal richtig ausgeprägt im Sinne der Anforderung. Anderenfalls kann es stärker oder weniger stark ausgeprägt sein. Beim zweiten Konzept (Skala 2 in der Tabelle 28) erfolgt eine Bewertung auf einer Bewertungsskala von z. B. eins bis vier. Verwenden Sie eine gerade Anzahl für die Skalierung, Dadurch sind die Beobachter gezwungen ein Tendenzurteil abzugeben. Verwenden Sie eine grobe Skala, da eine stärkere Differenzierung nicht redlich vorgenommen werden kann. Beim zweiten Konzept wird überschießendes Potential nicht bewertet. Diese zweite Skala eignet sich insbesondere im Bereich der Potenzial-ACs, bei denen es nicht auf die Abdeckung konkret definierter Anforderungen ankommt.

Tabelle 28: *Skalierungsarten*

Skala 1			
Merkmal	Zu wenig ausgeprägt	Anforderungsgerecht	Zu hoch ausgeprägt
Merkmal 1			
Merkmal 2			

Skala 2				
Merkmal	1 Voll erfüllt	2 Weitgehend erfüllt	3 Teilweise erfüllt	4 Nicht erfüllt
Merkmal 1				
Merkmal 2				

Tabelle 29: *Übungsbeschreibung*

Übungsart:	
Übungstitel:	
Beschreibung der Übung/Rahmeninformation:	
Aufgabenstellung:	
Sonstige Anmerkungen/Hilfsmittel/Anlagen:	

(Vom Betriebsrat als einwandfrei festgestellt am:________________)

Tabelle 30: *Beobachtungsbogen*

<table>
<tr><td colspan="2">Übung:</td><td colspan="4"></td></tr>
<tr><td colspan="2">Beobachteter Teilnehmer:</td><td colspan="4"></td></tr>
<tr><td colspan="2">Beobachter:</td><td colspan="4"></td></tr>
<tr><td colspan="6"></td></tr>
<tr><td colspan="6">Allgemeine Beobachtungen, Ablauf der Übung (bei Einzelübung):</td></tr>
<tr><td rowspan="3">Merkmal 1</td><td rowspan="3">Merkmalsdefinition</td><td colspan="4">Verhaltensbeschreibung (Definition)</td></tr>
<tr><td colspan="4">Verhaltensbeschreibung (Beobachtung)</td></tr>
<tr><td>1</td><td>2</td><td>3</td><td>4</td></tr>
<tr><td rowspan="3">Merkmal 2</td><td rowspan="3">Merkmalsdefinition</td><td colspan="4">Verhaltensbeschreibung (Definition)</td></tr>
<tr><td colspan="4">Verhaltensbeschreibung (Beobachtung)</td></tr>
<tr><td>1</td><td>2</td><td>3</td><td>4</td></tr>
<tr><td rowspan="3">Merkmal 3</td><td rowspan="3">Merkmalsdefinition</td><td colspan="4">Verhaltensbeschreibung (Definition)</td></tr>
<tr><td colspan="4">Verhaltensbeschreibung (Beobachtung)</td></tr>
<tr><td>1</td><td>2</td><td>3</td><td>4</td></tr>
<tr><td rowspan="3">Merkmal 4</td><td rowspan="3">Merkmalsdefinition</td><td colspan="4">Verhaltensbeschreibung (Definition)</td></tr>
<tr><td colspan="4">Verhaltensbeschreibung (Beobachtung)</td></tr>
<tr><td>1</td><td>2</td><td>3</td><td>4</td></tr>
<tr><td rowspan="3">Merkmal 5</td><td rowspan="3">Merkmalsdefinition</td><td colspan="4">Verhaltensbeschreibung (Definition)</td></tr>
<tr><td colspan="4">Verhaltensbeschreibung (Beobachtung)</td></tr>
<tr><td>1</td><td>2</td><td>3</td><td>4</td></tr>
<tr><td rowspan="3">Merkmal 6</td><td rowspan="3">Merkmalsdefinition</td><td colspan="4">Verhaltensbeschreibung (Definition)</td></tr>
<tr><td colspan="4">Verhaltensbeschreibung (Beobachtung)</td></tr>
<tr><td>1</td><td>2</td><td>3</td><td>4</td></tr>
</table>

1 = voll erfüllt, 2 = weitgehend erfüllt, 3 = nur ansatzweise erfüllt, 4 = nicht erfüllt

Tabelle 31: Beobachtungsbogen für Übungsverlauf bei Gruppenübung

Übung:	
Beobachtete Teilnehmer:	
Beobachter:	

Allgemeine Beobachtungen, Ablauf der Übung (bei Einzelübung):
Allgemeine Bewertung der Übung bzw. des Gruppenergebnisses:

1	2	3	4

1 = voll erfüllt, 2 = weitgehend erfüllt, 3 = nur ansatzweise erfüllt, 4 = nicht erfüllt

Checkliste zur Klärung der Organisation (Schritt 4)

☑ Haben Sie rechtzeitig festgelegt, wann und wo das Assessment Center stattfinden soll?

☑ Haben Sie einen Organisationsplan für die Durchführung des Assessment Centers erstellt?

☑ Haben Sie einen Überblick über die Hilfsmittel und die Technik, die Sie benötigen?

☑ Haben Sie sichergestellt, dass die Infrastruktur vorhanden und einsatzbereit ist?

☑ Haben Sie alle Rollen (wer ist wofür verantwortlich) geplant und verteilt?

☑ Wurden die Teilnehmer rechtzeitig informiert? Gibt es Rückkopplungsschleifen über die Teilnahme? Gibt es Nachrückerlisten? Haben Sie einen Alternativablaufplan bei Eintreffen von weniger Teilnehmern als erwartet?

☑ Welche zusätzliche Information/Kommunikation sollten Sie intern/extern betreiben?

☑ Haben Sie die Arbeitnehmervertretung von der Durchführung des Assessment Centers in Kenntnis gesetzt und die Zustimmung des Betriebsrates eingeholt? Wenn diese nicht bereits in die konzeptionellen Schritte integriert waren, sollten Sie das spätestens jetzt umfassend tun!

Bei der Organisation und Planung eines Assessment Centers sind einige Parameter kritisch. Je mehr Sie im Voraus planen und antizipieren, umso weniger können Ihnen beim Durchlauf des Assessment Centers Überraschungen den Ablauf gefährden:

- Entwerfen Sie ein AC-Design. Damit ist die Erstellung eines detaillierten Ablaufplans gemeint. Dieser ist für die Planung der Logistik erforderlich. Sie wissen dann, wie lange Ihr Assessment Center dauert. Außerdem müssen Sie minutiös festlegen, wann welcher Teilnehmer welche Übung in welchem Raum unter der Beobachtung welcher Beobachter durchführen wird. Dieser Zeitplan muss jedem Teilnehmer die gleichen Möglichkeiten der Vorbereitung einräumen. Denken Sie daran, Pausen für die der Beobachtung folgenden Bewertungen einzubauen. Aus diesem Plan wird ersichtlich, wie viele Beobachter Sie mindestens benötigen und wie groß die Gruppen bei Gruppenübungen sind.

- Wichtig ist die Wahl des Veranstaltungsortes. Dort sollte man im Umgang mit Konferenzen professionelle Erfahrung haben, damit die Infrastruktur, die Ihnen zur Verfügung gestellt wird, ebenfalls professionell ist. Die Durchführung des Assessment Centers ist schließlich kein Lernexperiment für den Veranstaltungsort. Ebenso wenig haben Sie die Zeit, sich während des Assessment Centers um alle Details zu kümmern. Hierzu gehören anforderungsgerechte Räumlichkeiten in ausreichender Anzahl, eine hohe Flexibilität beim Catering, eine ruhige Atmosphäre, eine gute Erreichbarkeit für alle Teilnehmer sowie die umfassende Technikausstattung. Die notwendigen Ressourcen sind durch die einzelnen Übungen und das Assessment Center Design determiniert.

- Für den Durchführungstermin sollten Sie die Urlaubsphasen sowie die Zeiträume meiden, in denen Hochkonjunktur für interne Projekte (Planungsrunden, Abschlüsse, Zielvereinbarungsgespräche) herrscht. So erreichen Sie eine niedrige „No Show Rate" bei Teilnehmern und Beobachtern.

- Die Auswahl aller Teilnehmer sollte zeitig erfolgen, damit diese ihre eigenen Zeitpläne darauf einrichten können. Bei Assessment Centern mit externen Kandidaten ist dies nicht immer möglich. Es gilt: Je mehr Beteiligte unter einen Hut gebracht werden müssen, desto empfehlenswerter ist es, Ausfälle einzuplanen, Nachrückerlisten in Reserve zu haben oder alternative Ablaufpläne für weniger Teilnehmer zu entwickeln.
- Eine Einladung zu einem Assessment Center sollte angekündigt sein. Bei externen Bewerbern sollte schon im ersten persönlichen Kontakt dargelegt werden, dass im positiven Verlauf des weiteren Selektionsverfahrens eine AC-Einladung folgen wird. Intern sollte durch den jeweiligen Vorgesetzten klar kommuniziert werden, warum der betreffende Teilnehmer zu einem Assessment Center eingeladen wird (Transparenzprinzip).

***Tabelle 32:** Entwurf eines Zeitplans*

Beginn:	**09:00**
Ende:	**18:25**
Begrüßung:	**08:45**

Unterlagen aushändigen um				
Teilnehmer 1	p1	09:00	Beobachter 1	b1
Teilnehmer 2	p2	09:05	Beobachter 2	b2
Teilnehmer 3	p3	09:10	Beobachter 3	b3
Teilnehmer 4	p4	09:25	Beobachter 4	b4
Teilnehmer 5	p5	09:30	Beobachter 5	b5
Teilnehmer 6	p6	09:35	Beobachter 6	b6
Teilnehmer 7	p7	09:45		
Teilnehmer 8	p8	09:50	Moderator	
Teilnehmer 9	p9	09:55	Co-Moderator	
Teilnehmer 10	p10	10:00		
Teilnehmer 11	p11	10:05		
Teilnehmer 12	p12	10:10		

Teilnehmer	**Beginn**	**Dauer der Übung**	**Dauer der Bewertung**
Präsentation			
p1	9:05	00:03	00:02
p2	9:10	00:03	00:02
p3	9:15	00:03	00:02
Beobachterkonferenz	9:20		00:10
p4	9:30	00:03	00:02
p5	9:35	00:03	00:02
p6	9:40	00:03	00:02
Beobachterkonferenz	9:45		00:05
p7	9:50	00:03	00:02
p8	9:55	00:03	00:02
p9	10:00	00:03	00:02
p10	10:05	00:03	00:02
p11	10:10	00:03	00:02
p12	10:15	00:03	00:02
Beobachterkonferenz	10:20		00:10

Fallstudien	b1	b2	b3		b4	b5	b6
p1	10:30	00:05	00:02	p7	10:30	00:05	00:02
p2	10:37	00:05	00:02	p8	10:37	00:05	00:02
p3	10:44	00:05	00:02	p9	10:44	00:05	00:02
p4	10:51	00:05	00:02	p10	10:51	00:05	00:02
p5	10:58	00:05	00:02	p11	10:58	00:05	00:02
p6	11:05	00:05	00:02	p12	11:05	00:05	00:02
Beobachterkonferenz	11:12		00:10				

Checkliste für die Beobachterschulung (Schritt 5)

- ☑ Ist das Ziel des Assessment Centers den Beobachtern bewusst?
- ☑ Sind die Anforderungen beschrieben und diskutiert?
- ☑ Sind nochmals die Critical Incidents herausgearbeitet und überprüft worden?
- ☑ Wurden die Beobachtungsmerkmale eindeutig definiert und durchgesprochen?
- ☑ Wurde mit den Beobachtern über die Beobachtungsfehler gesprochen?
- ☑ Wurden die Verhaltensregelungen diskutiert? Sind diese akzeptiert?
- ☑ Wurden die Übungen von den Beobachtern durchgespielt?
- ☑ Haben alle Beobachter ihre Teilnahme verbindlich zugesagt?
- ☑ Ist mit den Beobachtern, die eine Rolle im Rollenspiel/Interview haben, diese Aktivität ausreichend durchgesprochen und geübt worden?
- ☑ Sind Ihnen Spannungen oder Konfliktsituationen im Kreise der Beobachter bekannt oder aufgefallen?
- ☑ Wie ist das Verhältnis zwischen den Beobachtern und den Teilnehmern (hierarchische Stellung)?
- ☑ Wie wurden die Beobachter ausgewählt? Sind alle Beobachter mit dem gleichen Enthusiasmus bei der Sache? Gibt es konkrete Lernziele für alle oder einzelnen Beobachter?
- ☑ Wurden Mitglieder des Betriebsrates als Beobachter eingeladen?

Die Beobachterschulung hat mehrere Ziele:

- Sie dient dazu, die Beobachter nochmals mit der Zielrichtung und dem Ablauf des Assessment Centers vertraut zu machen. Die Beobachter müssen wissen, was Ihre Aufgaben sind und warum sie die Dinge so tun sollen, wie sie sie zu tun haben. Die Beobachter müssen den Sinn der strukturierten Vorgehensweise erkennen und akzeptieren.
- Die Beobachter sind mit den Übungen vertraut zu machen. Die Übungsdesigns werden durchgesprochen. Anregungen sind in das Design aufzunehmen, Ungereimtheiten zu klären. Es dürfen keine Fragestellungen hinsichtlich Ablauf, Funktion und Aufgabenstellung offenbleiben.
- Die Beobachter müssen nachvollziehen können, warum gerade diese Übungsart ausgewählt und die Aufgaben formuliert wurden. Ihnen muss bewusst sein, warum gerade diese einzuschätzenden Anforderungsmerkmale von Wichtigkeit sind.
- Die zu beobachtenden Verhaltensweisen für die einzelnen Anforderungsmerkmale sind zu diskutieren und gegebenenfalls zu verändern oder zu ergänzen.
- Die Beobachter sollten lernen, zwischen Beobachten und Bewerten zu unterscheiden. In diesem Rahmen muss auch intensiv über mögliche Beobachtungs- und Beurteilungsfehler gesprochen werden. Ferner ist Klarheit darüber herzustellen, dass im Rahmen des Beurteilungsprozesses diese Fehler individuell und offen im Beobachterkreis durch den Moderator angesprochen werden dürfen.

- Die Beobachter sind mit den Beobachtungssituationen vertraut zu machen. Hierzu sollten die Übungen durchgespielt werden. Sind Rollen an die Beobachter zu vergeben wie z. B. Gesprächspartner bei Rollenspielen, so sind diese zu verteilen und einzustudieren.
- Rollen und Regeln sind verbindlich zu vereinbaren. Das bedeutet, dass die Beobachter nur beobachten und ansonsten nicht in Interaktion mit den Teilnehmern treten. Störungen sind zu vermeiden. Der Moderator hat weitgehende Rechte der Intervention und Gestaltung des Prozesses.

Der Einsatz der AC-Methode zur Personalauswahl oder zur Potenzialanalyse ändert am grundlegenden Ablauf der Vorbereitungsphase nichts Wesentliches.

2. Durchführungsphase

Die Aufgaben der Teilnehmer und der Beobachter sind eindeutig bestimmt. Zur Steuerung aller Prozesse während eines Assessment Centers sollten Sie einen Moderator einsetzen. Dieser hat folgende Aufgaben:[69]

- Moderation des Übungsablaufes (Übertragung der Aufgabe, Interventionsrecht, Beendigung),
- Einhaltung der Termine, des Ablaufs und der Regeln,
- Qualitätssicherung der Beobachtungs- und Bewertungsergebnisse,
- Moderation der Bewertungsrunde,
- Kalibrierung und Harmonisierung des Bewertungsprozesses,
- Hilfestellung bei der Formulierung verbaler Bewertungen und des individuellen Feedbacks,
- Ansprechpartner für alle Beteiligten bei Fragen.

Der Moderator sollte über alle Phasen des Assessment Centers maßgeblich an der Planung und Organisation mitgewirkt haben. Nur dann kann dem Grundsatz der Lernorientierung Rechnung getragen werden. Veränderungen oder Anregungen müssen jeweils wieder in die AC-Planung eingebracht werden. Ansonsten drohen Informationsverluste.

Zur Steuerung aller organisatorischen Fragestellungen während der Durchführung eines Assessment Centers kann eine Regiefunktion eingesetzt werden. Diese ist vergleichbar mit einem Organisationsbüro bei Konferenzen.

69 Trauernicht, K. (2001), S. 81

Die Durchführungsphase kann in vier Schritte unterteilt werden, die im Folgenden dargestellt werden.

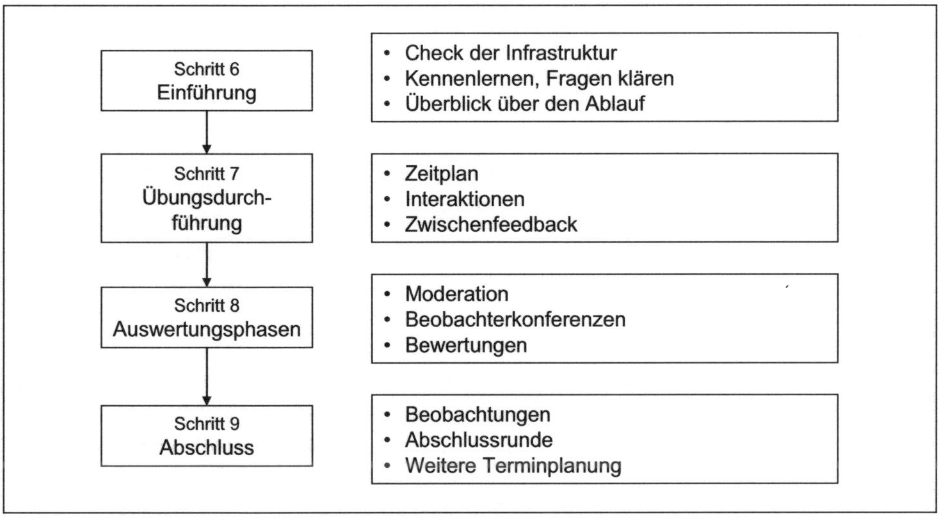

Abbildung 16: *Ablauf der Durchführungsphase*

Checkliste zur Einführung (Schritt 6)

- ☑ Sind die Teilnehmerunterlagen kopiert, zusammengestellt und zur Übergabe bereit?
- ☑ Sind die Beobachterunterlagen kopiert, zusammengestellt und zur Übergabe bereit?
- ☑ Haben Sie ein System entwickelt, die Bewertungen der Beobachter in den Beobachterkonferenzen transparent zusammenzufassen?
- ☑ Sind alle teilnehmenden Personen anwesend? Sind alle anwesenden Personen bereit für das Assessment Center?
- ☑ Ist die Ausgabe der Unterlagen organisiert?
- ☑ Sind die Räume „betriebsbereit"?
- ☑ Ist die Technik in ausreichendem Maße vorhanden und einsatzbereit?
- ☑ Wurde in der Anfangsbesprechung nochmals der Sinn und Zweck des Assessment Centers dargstellt?
- ☑ Wurden alle Informationen über Ablauf, Infrastruktur und Ansprechpartner weitergegeben?
- ☑ Haben sich alle teilnehmenden Personen kurz namentlich vorgestellt?
- ☑ Sind noch Fragen der Teilnehmer offen?

Als Einführung in das Assessment Centers erfolgt eine Begrüßung (Warming up). Hierbei wird der Ablauf des Assessment Centers dargestellt, ohne jedoch konkret auf den Inhalt und die Zielsetzung der einzelnen Übungen einzugehen. Ferner wird die Infrastruktur erläutert und der Rahmen für Hilfsmittel und Sonstiges abgesteckt. Es wird skizziert, wie sich die

Teilnehmer verhalten sollen. Konsequenzen bei Abweichungen sollten ebenfalls erwähnt werden. Die Teilnehmer müssen ein Verständnis ihrer Rolle und der Rolle der anderen (Moderator, Beobachter, Regie) entwickeln. Sollten die Teilnehmer sich nicht kennen, ist es sinnvoll, eine namentliche Vorstellungsrunde durchzuführen. Ziel ist es, alle möglichen Unklarheiten zu beseitigen, um den Teilnehmern die volle Konzentration auf die Aufgabenerledigung zu gewährleisten.

Checkliste zur Übungsdurchführung (Schritt 7)

- ☑ Ist jeder Beobachter über die Einhaltung der Regeln nochmals instruiert worden (Einhaltung des Zeitplans, volle Konzentration auf Beobachtung, keine Intervention während der Übung)?
- ☑ Sind die Übungsinstruktionen, die zu Beginn ausgeteilt werden, in ausreichender Anzahl vorhanden?
- ☑ Sind die Räumlichkeiten, in denen sich die Teilnehmer einzufinden haben, bekannt und beschriftet?
- ☑ Sind die Übungsinstruktionen den Kandidaten verständlich?
- ☑ Kommen die Teilnehmer vorbereitet in den Übungsraum?
- ☑ Gibt es andere als gewollte Interaktionen zwischen den Beobachtern und Teilnehmern?
- ☑ Werden Beobachtungen seitens der Beobachter notiert?
- ☑ Wird der Zeitplan stringent eingehalten?
- ☑ Gibt es Störungen während der Übungsdurchführung oder während der Vorbereitungszeit?
- ☑ Ist die Konzentration der Beobachter gleichbleibend auf einem hohen Level?

Die Durchführung der ersten Übung eines Assessment Centers stellt die kritischste Phase dar. Hier werden die Maßstäbe für Beurteilungen gesetzt. In dieser Phase muss der Moderator besonders wachsam sein, ob sich trotz aller Schulung und Vorbereitung Beobachtungstendenzen bei den Beobachtern erkennen lassen und ob die Teilnehmer in das Assessment Center „hineinkommen“.

Insbesondere zu Beginn sind im Rahmen der ersten Übung verstärkt Puffer einzubauen, um zwischen den Beobachtern Eindrücke und Beobachtungen auszutauschen. Diese Beobachtungen werden gemeinsam diskutiert. Hierbei können Fehler offengelegt werden wie z. B., dass nicht die eigentlichen Kriterien beobachtet werden. Die Beurteiler tauschen dann ebenfalls kurz die auf Grundlage der Beobachtungen durchgeführten Einschätzung aus, um den Bewertungsmaßstab zu kalibrieren. Dies sollte nicht erst am Ende der ersten Übung geschehen. Wenn Sie einen Gesamtvergleich erst am Ende der Übung durchführen, ist beim Fehlen von Niederschriften der Beobachtungen eine Einschätzung und Korrektur nicht mehr möglich. Dies gilt umso stärker, je mehr Teilnehmer Sie haben. Daher ist streng darauf zu achten, dass die Verhaltensbeobachtungen ausführlich und umfassend aufgeschrieben werden. Nur dann kann eine Gesamtbetrachtung am Ende einer Übung durchgeführt werden.

Ferner ist strengstens darauf zu achten, dass es keine ungewollte Interaktion der Beobachter und Teilnehmer gibt. Die abgesprochenen Rollen sind von allen Beteiligten strikt einzuhalten. Dies gilt auch für den Zeitplan. Einzelne Teilnehmer dürfen nicht mehr Zeit erhalten, nur weil sie noch nicht fertig sind. Die Einhaltung von Vorgaben und die Konzentration auf Weniges, aber dafür Maßgebliches kann für sich schon ein Bewertungsmaßstab sein.

Die Beobachter müssen sich ebenfalls an die Zeitvorgaben und Pausen halten, damit von deren Seite keine Störungen in den Zeitablauf getragen werden. Es gilt absolute Zeit- und Rollendisziplin. Alles andere würde die Beobachtungen verfälschen und einzelne Teilnehmer bevor- oder benachteiligen. Der Moderator achtet darauf, dass dies nicht bei offensichtlichen Sympathie- oder Antipathieträgern bevorzugt versucht wird.

Checkliste für die Auswertungsphasen (Schritt 8)

- ☑ Haben die Beobachter vollständige Beobachtungsunterlagen?
- ☑ Haben die Beobachter während der Übungen Beobachtungsmitschriften angefertigt?
- ☑ Gibt es bei den Bewertungen der einzelnen Beobachter starke Abweichungen zwischen den Teilnehmern? Sind diese Abweichungen spezifisch für einen Beobachter oder gilt dies für alle Beobachter?
- ☑ Weisen einzelne Beobachter bei der Bewertung Bewertungstrends auf?
- ☑ Werden die Bewertungen ausreichend begründet? Sind diese Begründungen auf Beobachtungen gestützt?
- ☑ Findet die Bewertung auf Basis der Beobachtungen statt? Werden die jeweiligen Anforderungsmerkmale beobachtet und bewertet?
- ☑ Weiß jeder Beobachter, wo er zu welchem Zeitpunkt sein muss?
- ☑ Sind die Bewertungen in die individuellen Auswertungsmatrizen übertragen?

Während der Übungen registrieren die Beobachter die Verhaltensweisen der ihnen zugeordneten Teilnehmer. Diese werden in den Beobachtungsbogen eingetragen. In der Beobachterkonferenz am Ende der Übung (nach Durchlauf aller Teilnehmer) bewerten die Beobachter auf Grundlage ihrer Eintragungen die Teilnehmer. Dies erfolgt zuerst ohne Informationsaustausch zwischen den Beobachtern. Die Bewertungen werden dann in der Auswertungsmatrix (siehe Tabelle 33) pro Teilnehmer eingetragen und gemeinsam diskutiert. Grundsätzlich ist jede Bewertung zu begründen. Eingehende Diskussionen sind notwendig, wenn:

- der Moderator den Eindruck hat, dass die Begründungen nichts mit den Merkmalen zu tun haben, die eigentlich in der Übung beobachtet werden sollten;
- es große Differenzen in der Bewertung eines Teilnehmers zwischen den Bobachtern gibt;
- einzelne Teilnehmer von allen Beobachtern an härteren Maßstäben gemessen werden als andere.

Die Bewertungen sind zu hinterfragen. Gegebenfalls sind dann durch den Moderator nochmals die Sachverhalte aus der Beobachterschulung ins Gedächtnis zu rufen.

In den Auswertungsphasen nach den Übungen sammelt der Moderator die Bewertungen der Beobachter zu den beobachteten und bewerteten Anforderungsmerkmalen je Teilnehmer ein und überträgt diese in die Auswertungsmatrix. Starke Abweichungen zwischen den Bewertungen werden diskutiert.

Sollte die AC-Konstruktion die Rückmeldung innerhalb des Assessment Centers vorsehen, so ist in einer Beobachterkonferenz nach dem ersten Drittel der Übungen gemeinsam festzulegen, welches Feedback welcher Teilnehmer von welchem Beobachter erhält. Wahlweise kann die Rückmeldung an alle Teilnehmer auch durch eine Person geschehen, damit die Vergleichbarkeit gewährleistet ist.

Bewertungen sind ausreichend zu begründen. Der Moderator muss genau darauf achten, dass Beobachtungen und Bewertungen strikt voneinander getrennt werden. Die Beobachtungen sollten nicht bereits verkappte Bewertungen sein, z. B. „Teilnehmer gähnt vor Langeweile", „Teilnehmer verschränkt die Arme, lehnt sich zurück und geht in Abwehrhaltung". Die jeweiligen Aussagen reflektieren bereits auf einen möglichen Grund für das beobachtete Verhalten. Die Angabe eines Grundes stellt jedoch eine Bewertung des Beobachters dar, die zwar richtig sein kann, jedoch nur vor dem Gesamtkontext der Situation wirklich interpretierbar ist.

Tabelle 33: Auswertungsmatrix

Assessment Center vom:		**Rückmeldung am:**	
1 Teilnehmer:		**1 Unterschrift:**	
2 Beobachter/Feedback-Geber:		**2 Unterschrift:**	

Merkmal	**Übung 1**	**Übung 2**	**Übung 3**	**Übung 4**	**Übung 5**	**Übung 6**	**Übung 7**	**Übung 8**	**Übung 9**	**Übung 10**	**Mittelwert**
Ability/Fach- und Methodenkompetenz:											
Engagement/Soziale Kompetenz:											
Aspiration/Persönlichkeitskompetenz:											

Sonstige allgemeine Beobachtungen und Einschätzungen:
Kommentar des Teilnehmers:

Entwicklungsbedarf:	**Bis wann:**

Wichtig bei der Beurteilung ist die Einhaltung der folgenden Prinzipien (siehe Abbildung 17):

- Es findet keine Bildung von Mittelwerten pro Merkmal und Übung über die einzelnen Beurteiler statt (durchgezogene Ellipse). Das heißt, dass die Bewertungen aller Beobachter für ein Merkmal nicht gemittelt und auf eine Note verdichtet werden. Damit ginge ansonsten die möglicherweise vorhandene Differenzierung bei der Benotung verloren.
- Es findet keine Bildung von Mittelwerten pro Merkmal über alle Übungen statt (horizontale Ellipse). Es werden nicht alle zu einem Anforderungsmerkmal vorgenommenen Bewertungen aus allen Übungen, in denen dieses Merkmal beobachtet wurde, gemittelt. Denn Übungssituationen sind unterschiedlich, Teilnehmer verhalten sich in den einzelnen Situationen verschieden und zeigen dort anforderungsspezifisches Verhalten je nach Rahmenbedingung. Ob ein Kandidat in seinem Verhalten stabil oder variabel ist, ist eine wichtige Information, die nicht geglättet werden darf. Ferner sind bei einer Mitteilung der Bewertungen über alle Übungen keine Entwicklungstendenzen mehr erkennbar.
- Es darf keine Bildung von Mittelwerten aller Beurteilungen aller Beurteiler über eine Übung erfolgen (vertikale Ellipse). Die einzelnen Anforderungsmerkmale sind nicht miteinander verknüpfbar. Es ist zwar auf den ersten Blick verlockend zu erkennen, in welchen Übungen ein Teilnehmer besser und in welchen Übungen er schlechter abgeschnitten hat, also welche Situationen ihm besser liegen. In einem auf Potenzialermittlung angelegten Assessment Center geht es aber um Details, die bei Mittelwerten verloren gehen.

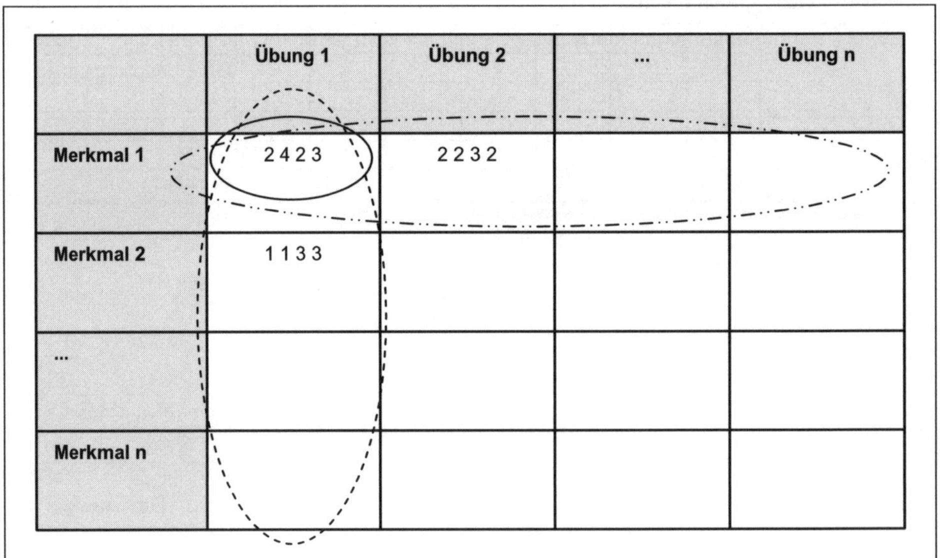

Abbildung 17: *Mittelwertbildung*

Checkliste für den Abschluss (Schritt 9)

- ☑ Haben Sie eine Abschlussrunde nach dem Assessment Center geplant?
- ☑ Haben Sie von den Teilnehmern eine Rückmeldung erhalten, wie diese das Assessment Center empfunden haben?
- ☑ Gehen die Teilnehmer mit einem guten Gefühl nach Hause? Gibt es noch Störungen?
- ☑ Haben Sie konkrete Termine für das Feedback festgelegt?
- ☑ Ist klar festgelegt und kommuniziert, wer wem das Feedback geben wird?
- ☑ Ist festgelegt, in welcher Form das Feedback erfolgt?

Zum Abschluss eines Assessment Centers sind die Erwartungen und die Unsicherheit auf Seiten der Teilnehmer am größten. Die Anspannung aus dem Assessment Center ist vorbei, die Teilnehmer wollen wissen, wie sie sich geschlagen haben. Bei einem Auswahl-AC ist die Unsicherheit besonders hoch, da es für jeden Teilnehmer um eine zum Teil persönlich tief greifende Entscheidung geht. Möglicherweise befinden sich einzelne Kandidaten bereits in einer konkreten Entscheidungssituation. Diese Tatsache müssen Sie sich als Veranstalter eines Assessment Centers vergegenwärtigen.

Sehen Sie die Teilnehmer an Ihrem Assessment Center als Ihre Kunden und behandeln Sie diese entsprechend. Vergegenwärtigen Sie sich, welche Wünsche Ihre Kunden haben. Dabei ist es nicht maßgeblich, allen Kundenwünschen zu entsprechen. Beim Treffen einer Auswahlentscheidung ist dies ohnehin nicht durchführbar. Aber dem Grundbedürfnis Ihrer Kunden müssen Sie entsprechen. Sie müssen ihre Wünsche ernst nehmen und ihnen schnellstmöglich eine Rückmeldung über Ihre Entscheidung und deren Gründe kommunizieren. Das heißt für Sie konkret:

- Zum Abschluss eines Assessment Centers sind in einer Abschlussrunde alle Teilnehmer und Beobachter zusammenzuholen.
- Den Teilnehmern ist für ihre Teilnahme, ihre gezeigten Leistungen und ihren Mut zu danken. Geben Sie den Teilnehmern das Gefühl, dass sich alle wacker geschlagen haben.
- Kommunizieren Sie, dass es eine Rückmeldung schnellstmöglich geben wird. Holen Sie sich aber auch das Verständnis, dass im Sinne eines professionellen Feedbacks die Erarbeitung einer Rückmeldung ausreichend Zeit benötigt.
- Vereinbaren Sie möglichst schon konkrete Termine oder Zeitkorridore, in denen mit einer Rückmeldung zu rechnen ist. Auf alle Fälle sind die für die Rückmeldung verantwortlichen Personen zu benennen. Hiermit sparen sich die Beobachter und Rückmeldungsgeber den administrativen Aufwand einer offiziellen Einladung zu einem Gesprächtermin.
- Die Abschussrunde dient ebenfalls dazu, noch vorhandene Fragen zu klären.
- Ferner können Sie sich Feedback von allen Beteiligten holen, wie diese das Assessment Center empfunden haben. Manöverkritik, Abfragen der Erwartungen und Befürchtungen ermöglichen es Ihnen, den Aufbau und den Ablauf Ihres Assessment Centers kritisch zu hinterfragen.

3. Nachbereitungsphase

Die Nachbereitungsphase ist erfolgskritisch für ein Assessment Center. Das in diesem Rahmen gegebene Feedback ist der entscheidende Erfolgsfaktor für jedes Assessment Center. Feedback sollte hierbei in verschiedene Richtungen erfolgen.

- In Richtung der Teilnehmer stellt Feedback die wichtigste Form der Korrektur von anforderungsspezifisch unangemesse Verhaltensweisen beziehungsweise zur Bestärkung von anforderungsspezifisch erwünschten Verhaltensweisen dar. Feedback ermöglicht den Vergleich der Selbsteinschätzung mit den Einschätzungen der Beobachter.
- Die Beobachter erhalten Feedback darüber, wie ihre Einschätzungen wahrgenommen werden. Dies geschieht zum einen unterschwellig in den Auswertungsrunden und der Wahrnehmung der Bewertungen und Begründungen der anderen Beobachter, kann aber auch ganz offen durch Ansprache anderer Beobachter oder des Moderators erfolgen. Ohnehin sollte ein guter Moderator die Chance nutzen, um mit jedem Beobachter ein kurzes Auswertungsgespräch zu führen, wie er den Beobachter in seiner Rolle gesehen hat. Auch für die Beobachter kann die Rückmeldung nach einem Assessment Center der Einstieg in einen gezielten Förderplan oder ein Coaching sein.
- In Richtung der Konstrukteure des Assessment Centers ist das Feedback hilfreich, um zu klären, ob das Assessment Center das gewünschte Ziel erreicht hat. Dies ist verbunden mit den Fragen, ob das Assessment Center für die zu lösende Problemstellung das geeignete Instrument war und ob die Konstruktion und die Durchführung des Assessment Centers gemäß den Grundsätzen erfolgten. Auf Grundlage dieser Auswertung können Veränderungen und Weiterentwicklungen des Designs vorgenommen werden.
- Der Moderator des Assessment Centers erhält aus dem Feedback wichtige Hinweise auf die Wahrnehmung seiner Person bei den Beteiligten. Dies hilft ihm, in zukünftigen Situationen die Beobachtungs- und Bewertungsprozesse noch besser zu gestalten. An den Moderator werden die höchsten Anforderungen an die Fähigkeit der Selbstreflexion gestellt, da ihm kein „Coach“ zu Seite steht, der ihm konkrete Anregungen gibt.

Die Nachbereitungsphase erfolgt in drei Schritten (siehe Abbildung 18).

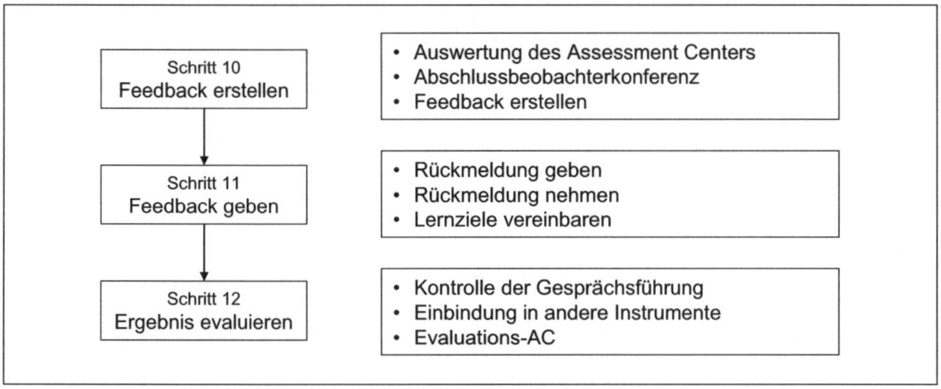

Abbildung 18: *Ablauf der Nachbereitungsphase*

Checkliste für die Erstellung von Feedback (Schritt 10)

- ☑ Sind alle Beobachtungsbögen vorhanden und den Teilnehmern zugeordnet?
- ☑ Sind alle Bewertungen in der Auswertungsmatrix eingetragen?
- ☑ Sind für jeden Teilnehmer drei Kernbotschaften aus den Ergebnissen abgeleitet?
- ☑ Sind Entwicklungsziele für die Teilnehmer definiert?
- ☑ Ist sichergestellt, dass die Ressourcen, die zum Erreichen der Entwicklungsziele benötigt werden, zur Verfügung gestellt werden?
- ☑ Haben Sie einen Gesprächsleitfaden für ein Feedback-Gespräch erstellt?
- ☑ Haben Sie mit den Beobachtern durchgesprochen, möglicherweise auch simuliert, wie das Feedback-Gespräch durchgeführt werden sollte?
- ☑ Haben Sie als Moderator eine Rückmelderunde mit den einzelnen Beobachter durchgeführt?
- ☑ Haben Sie mit den Beobachtern eine allgemeine Manöverkritik zum Assessment Center angesetzt?

Nach Durchführung der Abschlussrunde mit den Teilnehmern ziehen sich die Beobachter zur abschließenden Beobachterkonferenz zurück. Diese besteht aus vier Bausteinen:

- Kritisches Reflektieren des Assessment Centers (Inhalte und Ablauf) und Sammeln von Verbesserungsvorschlägen (Verfahrensevaluation). Hier sollte nochmals der Ablauf aller Übungen gemeinsam diskutiert werden. Wichtig in diesem Zusammenhang ist die Fragestellung: War es Ihnen möglich, die für die gesuchte Funktion/Anforderung spezifischen Merkmale zu beobachten? Das Reflektieren des gesamten Assessment Centers dient darüber hinaus dem Zweck, dass die Beobachter sich nochmals alle Übungen und Beobachtungssituationen ins Gedächtnis rufen, bevor die abschließende Einzelauswertung erfolgt.
- Die Ergebnisse aller Teilnehmer werden zusammengetragen. Die Auswertungsmatrix jedes Teilnehmers ist zu diskutieren. Hierbei sollten nochmals „Ausreißer“ in der Beobachtung besprochen und begründet werden: die sogenannte Volatilität und Verhaltensvarianz. Au-

ßerdem ist zu analysieren, ob sich der betreffende Teilnehmer in seinem Verhalten und damit in der Bewertung im Verlauf des Assessment Centers verändert hat. Entwicklungstendenzen sind festzuhalten. In einem Auswertungsgespräch müssen Aussagen darüber möglich sein, wie konstant das gezeigte Verhalten pro Anforderungsmerkmal (Trendanalyse) war und wie die Stärken und Schwächen von Anforderungsmerkmalen in Abhängigkeit von Übungsarten (Profil) ausgeprägt waren. Bei einem Auswahl-AC ist es sinnvoll, die Teilnehmer zu ranken, um eine Auswahlreihenfolge zu erhalten. Bei einem Potenzial-AC ist eine Rangfolge nicht wichtig. Dort ist es entscheidend, eine Aussage darüber zu treffen, wie Teilnehmer auf während des Assessment Centers gegebenes Feedback reagiert haben (Reaktionsanalyse) und Lernschritte vollzogen haben (Entwicklungspotenzialanalyse). Diese Aussagen sind als Stichworte gemeinsam zusammenzufassen. Sie dienen dem Beobachter, der das Feedback geben wird, als Grundlage für die Gesprächsvorbereitung.

- Drittens sind teilnehmerspezifische Empfehlungen für Handlungsfelder festzulegen, in denen Fördermaßnahmen ansetzen sollten. Hier können auch bereits konkrete Vorschläge für Förderpläne erarbeitet werden. Wichtig in dieser Phase ist die Anwesenheit einer kompetenten Person aus der Personalentwicklung. Sie nimmt zum einen eine Beratungsfunktion hinsichtlich der inhaltlichen Gestaltung der Förderpläne wahr, zum anderen stellt sie sicher, dass die vorgeschlagenen Maßnahmen legitimiert und die dafür notwendigen Ressourcen vorhanden sind. Diese Vorgehensweise stellt sicher, dass es im Nachhinein keine Enttäuschungen oder falsche bzw. gut gemeinte Versprechungen seitens der Rückmeldung gebenden Beobachter gegenüber den Teilnehmern gibt. Die Einbeziehung in Qualifizierungsmaßnahmen sollte auch bei Auswahl-ACs erfolgen, zumindest für die Kandidaten, die einen Zuschlag für eine Position erhalten. Das gleiche gilt bei einem internen Auswahl-AC für die Kandidaten, die keinen Zuschlag erhalten haben. Beachten Sie jedoch, dass (gewährte) Qualifizierungsmaßnahmen dabei nicht den Charakter von Trostpflastern haben. Sie müssen vom Teilnehmer als sinnvoll empfunden werden.
- Zum Abschluss ist eine Diskussion darüber zu führen, wie die Ergebnisse für das Rückmeldegespräch aufbereitet werden sollen. Wird das Feedback nur von einer Person gegeben, wie es z. B. bei einem Auswahl-AC mit externen Kandidaten ratsam ist, ist diese Diskussion nicht unbedingt erforderlich. Wird jedoch eine Rückmeldung nach einem Entwicklungs-AC von jedem Beobachter an einen Teilnehmer gegeben, so dient dies zur Harmonisierung der Gespräche sowohl für den Inhalt als auch für deren Ablauf. Bei Bedarf sind kritische Situationen kurz durchzuspielen. Wichtig ist, dass die Beobachter nach Beendigung der Beobachterkonferenz ein sicheres Gefühl haben, das professionelles Rückmeldegespräch führen zu können.

Eine weitere Form der Rückmeldung der Ergebnisse an die Teilnehmer stellt die Berichtsform dar. Deren ausschließliche Anwendung sollte jedoch sehr genau überlegt werden. Der Aufwand, der mit der Erstellung eines Berichtes verbunden ist, ist ernorm, die Steigerung der Aussagekraft im Gegensatz zu der Auswertungsmatrix und den Notizen hingegen vergleichsweise gering. Die weitaus stärkste Aussage bieten die auf den Beobachtungsbögen dokumentierten Verhaltensbeobachtungen und Bewertungen, die auch nach Abschluss des Assessment Centers verfügbar bleiben sollten und jederzeit die Bewertungen nachvollziehbar machen. Berichte hingegen, in denen oft „blumige“ Umschreibungen mit „copy und paste“-Charakter wie in einem Arbeitszeugnis vorgenommen werden, helfen niemandem, da ihre Aussagekraft eingeschränkt ist. Berichte sind dann zu erstellen, wenn das Assessment Center von einem externen Anbieter ohne unternehmensinterne Beobachter durchgeführt wurde und die Erstellung der Berichte durch einen „Profi“ erfolgt. Aber auch dann sollte darauf geachtet werden, dass in erster Linie die Beobachtungen in dem Bericht im Vordergrund stehen. Denn nur auf Basis der Beobachtungen wird die Nachvollziehbarkeit der anschließenden Bewertungen möglich.

Schriftliche Auswertungen bei externen Kandidaten zu erstellen und zu versenden ist kritisch und könnte bei unsachgemäßer Formulierung Angriffspunkte nach dem AGG bieten, insbesondere dann, wenn zwischen Ihren Aussagen und Bewertungen ein Zusammenhang zu den angeführten Diskriminierungs- bzw. Benachteiligungskriterien konstruiert werden kann. Hier befinden Sie sich als Arbeitgeber in der Zwickmühle: Je ausführlicher die Auswertung vorgenommen wird, desto mehr Ansatzpunkte mögen sich für eine „Beschwerde“ ergeben. Je knapper Sie hingegen den Bericht fassen, desto weniger Aussagekraft entfaltet er für den Kandidaten. Ihre Vorgehensweise hinsichtlich der schriftlichen Rückmeldung sollte daher wohlüberlegt sein. Hier ist es besser, ein kurzes Feedback-Gespräch (telefonisch oder wenn möglich besser persönlich) durch eine geschulte und kompetente Person aus dem Personalwesen führen zu lassen.

Nach dieser Diskussion in der Gesamtrunde sollte der Moderator den Beobachtern für die folgenden Themen noch weiter als „Coach“ zur Verfügung stehen:

- Konkrete Formulierung der Themenschwerpunkte für das Feedback-Gespräch,
- Formulierung des Berichtes (sofern einer erstellt wird),
- Konkrete Gesprächsvorbereitung (Leitfadenerstellung) und gegebenenfalls Simulation einiger kritischer Gesprächsinhalte,
- Hilfestellung für die Erarbeitung eines Förderplanes.

Darüber hinaus sollte der Moderator seinerseits mit jedem Beobachter ein Feedback-Gespräch führen und in diesem seine Eindrücke zu den Beobachtungs- und Konferenzsituationen während des Assessment Centers diskutieren. In diesem Gespräch sollten Handlungsfelder, in denen Fördermaßnahmen ansetzen können, formuliert werden. Hier ist insbesondere der Übergang in ein Coaching denkbar.

Bei der Auswertung der Beobachtungsergebnisse sollte der Fehler vermieden werden, die Ergebnisse auf wenige Noten zu reduzieren. Eine Mittelwertbildung der Bewertungen für eine Übung ist nicht sinnvoll, da Kompetenzmerkmale nicht addierbar sind. Ebenso mit Vorsicht ist eine Mittelwertbildung zu einem Kompetenzmerkmal über alle Übungen hinweg zu betrachten. Auf gar keinen Fall darf dieser Mittelwert als einzige synthetische Größe als „Gesamtnote“ am Ende dem Kandidaten vermittelt werden. Die Reduzierung der Vielfalt der vorhandenen Informationen ist zwar verlockend. Sie reduziert jedoch auch die Möglichkeit des Teilnehmers, im Detail Ansatzpunkte zu finden, sein Verhalten zu verändern. Außerdem ist gezeigtes Verhalten und damit die jeweilige Ausprägung der Kompetenzmerkmale abhängig von der Übungssituation und kann damit nicht über verschiedene Übungssituationen hinweg generalisiert werden.

Checkliste für das Feedback (Schritt 11)

- ☑ Haben Sie einen konkreten Termin persönlich vereinbart?
- ☑ Haben Sie für eine entspannte und störungsfreie sowie gleichberechtigte Gesprächsatmosphäre gesorgt?
- ☑ Haben Sie sich auf das Gespräch vorbereitet? Sind Sie das Gespräch gedanklich durchgegangen? Haben Sie einen Gesprächsleitfaden? Haben Sie die wichtigen Aussagen zusammengefasst?
- ☑ Haben Sie Ihre Erwartungen und Ziele für das Gespräch dargelegt? Haben Sie den Charakter des Gespräches erläutert?
- ☑ Haben Sie nach den Erwartungen des Teilnehmers an das Gespräch gefragt?
- ☑ Haben Sie in erster Linie den Teilnehmer nach seinen Empfindungen und Eindrücken gefragt?
- ☑ Haben Sie Ich-Botschaften oder Du-Botschaften gesandt (Ich bin der Meinung ... – Du hast ...)?
- ☑ Haben Sie immer erst die Beobachtung in den Vordergrund gestellt?
- ☑ Hat Ihr Gesprächspartner Ihre Anregungen akzeptiert?
- ☑ Haben Sie gemeinsam verbindliche Vereinbarungen getroffen?
- ☑ Haben Sie sich am Ende des Gespräches für das offene und vertrauensvolle Gespräch bedankt?

Feedback ist zunächst nur eine reine Information ohne direkte Konsequenz. Diese Information bildet jedoch die Grundlage, um einen Soll-Ist-Vergleich und damit eine Abweichungsanalyse zu erstellen. Auf dieser Basis können dann eigenes Verhalten und Arbeitsweisen überdacht und Veränderungen durch gezielte Interventionen eingeleitet werden.

Ziel des Gespräches sollte dabei sein, die Ergebnisse aus dem Assessment-Center mit den formulierten Erwartungen abzugleichen und weitere Entwicklungsschritte zu planen. Positives ist dabei genauso darzustellen wie die negativen Bewertungen.

Feedback soll motivieren, das eigene Verhalten in bestimmter Weise zu verändern beziehungsweise zu verbessern. Es ist daher von einer Person zu geben, die

- die Anforderungen, die dem Assessment Center zugrunde lagen, gut kennt,
- Einfühlungsvermögen hat,
- vertrauenswürdig ist und
- von dem Feedback-Nehmer akzeptiert wird.

Ablauf eines Feedback-Gespräches

1. Offizielle Einladung zum Gespräch. Dies ist nicht notwendig, wenn bereits zum Abschluss des Assessment Centers die generelle Information über ein zeitnahes Feedback-Gespräch erfolgte.
2. Konkrete Terminabsprache für das Gespräch per Telefon (ruhiger Ort, Zeit mindestens eine Stunde, „neutraler Boden“, angenehme Gesprächssituation, auf gleiche Kommunikations-Ebene achten). Die Terminabsprache sollte möglichst persönlich erfolgen.
3. Beginn des Gespräches mit einer Aufwärmphase, Dank aussprechen für das Kommen, vertraulichen Charakter des Gespräches hervorheben, Ziele des Gespräches darlegen.
4. Nach Erwartungen des Gesprächspartners an das Feedback fragen.
5. Selbsteinschätzung des Teilnehmers über seine Teilnahme am Assessment-Center erfragen. (Wie sehen Sie sich selber? Wo sind Ihre Stärken und Schwächen? Was sind Ihre Ziele?) Der Feedback-Geber erkennt durch diese Art der Gesprächsführung, wie er sein Feedback vermitteln sollte und findet daher einen guten Gesprächseinstieg.
6. Feedback geben über beobachtetes Verhalten und Einschätzung dieses Verhaltens. Die Übungen sollten nur kurz angesprochen werden, die drei bis vier wichtigen Botschaften hingegen vertieft werden.
7. Nachdem die positiven und negativen Beobachtungen beleuchtet und erörtert wurden, sind Entwicklungsziele zu vereinbaren. Dies können Entwicklungsmaßnahmen sein wie Seminare, Aufgabenerweiterung oder Arbeitsplatzwechsel bzw. Einstellung des Teilnehmers. Es sollte jedoch sichergestellt sein, dass die hierzu notwendigen Ressourcen zur Verfügung stehen.
8. Das Verfahren weckt bei den Teilnehmern hohe Erwartungen bezüglich baldiger, konkreter und individueller Maßnahmen. Daher ist bei der Formulierung darauf zu achten, dass die Durchführung auch terminlich realisierbar ist. Die Ziele werden vereinbart, damit der Teilnehmer des Assessment Centers nicht überrascht ist, wenn ihm eine Maßnahme zur Weiterentwicklung seiner Fähigkeiten, wie etwa ein Seminar, mitgeteilt wird.
9. Rückmeldung einholen, wie der Teilnehmer das Gespräch empfunden hat, Dank für das Gespräch aussprechen und Angebot, jederzeit als Ansprechpartner zur Verfügung zu stehen, Verabschiedung.

Die Folgen eines falschen Feedbacks sind verheerend und wirken demotivierend auf den Teilnehmer. Hierbei ist die schlimmste Form des Feedbacks, wenn kein Feedback erfolgt. Nach dem Motto: Man kann **nicht nicht** kommunizieren, ist ein unterlassenes Feedback-Gespräch die eindeutigste Mitteilung einer nur geringen Wertschätzung des Teilnehmers.

Aber auch „schlecht dargebotenes" oder „unzutreffendes" Feedback wirkt demotivierend. Die Fokussierung auf die negativen Aspekte ist hierfür ein Beispiel. Erhält der Teilnehmer ein Feedback, welches er als unzutreffend einschätzt, wird er es ignorieren bzw. nicht akzeptieren. Wichtig ist daher das **KISS-Prinzip**: Keep It Short and Simple!

- Ich habe beobachtet, das ...: Reine Schilderung der Situation und der Beobachtungen.
- Das hat auf mich aus folgendem Grund positiv oder negativ gewirkt…: An dieser Stelle erfolgt ein Abgleich der Beobachtungen mit dem Anforderungsprofil, welches bei den Beobachtungen zugrunde lag. Hierbei sind reine Ich-Botschaften zu senden. Es handelt sich hierbei nicht um ein absolutes Urteil, sondern um den eigenen Eindruck. Vorteilhaft hieran ist, dass dieser eigene Eindruck durch den Teilnehmer nicht „angreifbar" ist. Dieser persönliche Eindruck ist da, ob er dem Teilnehmer gefällt oder nicht. Der Teilnehmer kann selber entscheiden, ob er diesen Eindruck für relevant hält oder nicht.
- Ich empfehle Ihnen, dass…: Auf Basis des Anorderungsprofils werden Empfehlungen gegeben, wie in der jeweiligen Situation ein „angepasstes" Verhalten ausgesehen hätte. Bevor jedoch mit eigenen Empfehlungen aufgewartet wird, sollte der Teilnehmer selber darauf gebracht werden, was er hätte anders machen können (Hebammen-Prinzip von Sokrates).

Ein Feedback muss stets Anregungen für den Teilnehmer bieten, sich zu verbessern. Es sollte jedoch nicht ausschließlich die Kritikpunkte beinhalten und dabei eine lange Aufzählung aller möglichen Kritikpunkte sein. Konzentrieren Sie sich auf die wichtigsten drei positiven und die wichtigsten drei negativen Punkte. Mehr sind in einem Gespräch nicht vermittelbar, ohne die einzelnen Punkte zu verwässern. Darüber hinaus besteht die Gefahr, sich bei der Beschreibung von Maßnahmen zu verzetteln und dem Teilnehmer nicht mehr die Orientierung für seine Entwicklung zu geben, die er benötigt und verdient hat.

Spätestens nach Ablauf von drei Wochen sollte die Personalentwicklung eine Rückmeldung zu den Feedback-Gesprächen einholen. Diese Rückmeldung ist sowohl vom Gesprächsführer (Beobachter) als auch vom Teilnehmer einzuholen. Dies dient der Qualitätskontrolle des gesamten Prozesses. Die Personalentwicklung erhält hierbei folgende Informationen:

- Termin und Dauer des Gespräches
- Einschätzung des Beobachters über das Feedback an den Teilnehmer
- Einschätzung des Teilnehmers über das Feedback an den Teilnehmer
- Getroffene Vereinbarungen

Diese Informationen helfen der Personalentwicklung bei der Entscheidung, ob und wann welche Intervention notwendig ist, um etwaige Qualitätsmängel in der Nachbereitungsphase zu beheben.

Neben dem Feedback-Gespräch kann auch die Berichtsform als Rückmeldung verwendet werden. Das verbale Feedback hat jedoch Priorität und wird in der Praxis häufiger angewandt. Das Ausformulieren von Berichten birgt die Gefahr, dass Bewertungen wie in Arbeitszeugnissen verklausuliert werden. Außerdem wird der Teilnehmer mit dem Bericht „alleine“ gelassen. Was er aus dem dort beinhalteten Feedback macht, bleibt im selbst überlassen. Es findet hierbei keine Rückkopplung an den Berichtersteller statt, wie das Feedback aufgenommen und akzeptiert wurde. Der Berichtersteller hat damit auch nicht die Möglichkeit, sein Feedback und seine Eindrücke aus der Beobachtung und Bewertung zu reflektieren. Ferner sollten Sie die rechtlichen Einspruchsmöglichkeiten gegen einen negativen Bericht in der Personalakte bedenken.

Die Berichtsform ist häufig anzutreffen, wenn Auswahl- oder Potenzial-ACs von externen Anbietern durchgeführt werden. Dann dient der Bericht der Dokumentation der Ergebnisse für den Auftraggeber (ausführlicher Bericht) und der Rückmeldung an den Teilnehmer (in der Regel ein Kurzbericht).

Was ist jedoch wirklich wichtig? Wichtig ist, dass der Teilnehmer ein authentisches Feedback über seine Leistung erhält und hierbei nicht alleine gelassen wird. Dieses Feedback kann nur authentisch sein, wenn ein Beobachter dieses Feedback gibt und es in Form eines Gespräches gerfolgt. Zu Dokumentationszwecken dienen die Niederschriften der Beobachtungen aus dem Assessment Center und die Auswertungsmatrix.

Checkliste für die Evaluation des Ergebnisses (Schritt 12)

- ☑ Wurde das Feedback-Gespräch durchgeführt?
- ☑ Haben Sie sich eine Rückmeldung von dem Teilnehmer über das Gespräch geholt?
- ☑ Haben Sie sich eine Rückmeldung von dem Beobachter über das Gespräch geholt?
- ☑ Gab es neue Erkenntnisse, Informationen, Vereinbarungen aus dem Feedback-Gespräch, die Sie beachten müssen?
- ☑ Sind die getroffenen Qualifizierungsmaßnahmen in Planung?
- ☑ Ist der direkte Vorgesetzte über das Assessment Center und die darin getroffenen Vereinbarungen informiert?
- ☑ Wie ist der Vorgesetzte in den Umsetzungsprozess eingebunden?
- ☑ Wurde das Top-Management über das Assessment Center informiert?
- ☑ Sind die Ergebnisse mit anderen Maßnahmen und Fachdisziplinen abgeglichen?
- ☑ Ist der Betriebsrat in die Erstellung des Entwicklungsplans eingebunden?

> „Jeder Teilnehmer hat das Recht auf individuelles Feedback, umso das Ergebnis nachvollziehen und daraus lernen zu können. Nach dem Assessment Center sind konkrete Folgemaßnahmen abzuleiten und umzusetzen. Regelmäßige Güteprüfungen und Qualitätskontrollen stellen sicher, dass die mit dem Assessment Center angestrebten Ziele auch nachhaltig erreicht werden.“[70]

70 Wirtschaftspsychologie, 04/2008, S.78.

Das heißt, dass die Nachhaltigkeit auch nach Abschluss eines Assessment Centers weiter gesichert sein muss. Hierzu hat die Personalentwicklung die Aufgabe der Qualitätssicherung, die aus folgenden Bausteinen besteht:

- Die Terminvereinbarungen für die Feedback-Gespräche sind einzuhalten. Dies ist zu überprüfen.
- Inhaltlich sollte eine Rückmeldung über das Gespräch sowohl von dem Beobachter als auch von dem Teilnehmer durch die Personalentwicklung eingeholt werden. Hierdurch können Ergänzungen oder Veränderungen der Qualifizierungspläne vorgenommen werden und die Auswirkungen des Gespräches auf beide Gesprächsteilnehmer ermittelt werden. Insbesondere zwei Dinge sind wichtig: erstens, ob der Beobachter die Anregungen im Sinne der Zielsetzung vermitteln konnte und zweitens, ob der Teilnehmer die Beobachtungen und Bewertungen nachvollziehen konnte. Hieraus kann auf die wichtige Vertrauensbasis zwischen Teilnehmer und Beobachter geschlossen werden. Diese ist notwendig, soll doch der Beobachter auch in der Folgezeit als Sparringspartner und „Berater“ dem Teilnehmer zur Verfügung stehen können.
- Bei einem Potenzial-AC war der direkte Vorgesetzte bisher in den gesamten Prozess nicht integriert. Bei der Umsetzung der Entwicklungsziele kommt diesem jedoch eine wichtige Bedeutung zu. Er muss das Erreichen der Entwicklungsziele aktiv unterstützen. Hierfür hat er zeitliche Freiräume zur Verfügung zu stellen, um die Qualifizierungsmaßnahmen zu ermöglichen, ohne jedoch die Performance seines eigenen Bereiches zu gefährden. Ferner darf er in seinem geförderten Mitarbeiter keinen Konkurrenten sehen, sondern muss diesen auch emotional unterstützen und coachen. Dafür benötigt er Hintergrundinformationen über die Beurteilungen und sollte in Detailplanungen der Qualifizierungsmaßnahmen einbezogen werden. Außerdem ist er in die Evaluation der Qualifizierungsmaßnahmen einzubinden. Hierbei bildet die Personalentwicklung das Bindeglied.
- Ein weiterer Aspekt ist die Information an die Unternehmensleitung über die Durchführung und die groben Ergebnisse des Assessment Centers. Trotz häufig vorhandener Begehrlichkeiten nach der Information über das Abschneiden einzelner Teilenehmer geht es nicht um eine detaillierte Darstellung, sondern vielmehr um eine generelle Information. Insbesondere bei Entwicklungs-ACs ist die Rückendeckung für die Durchführung an sich und die der Qualifizierungsmaßnahmen von Wichtigkeit. Umso mehr Bedeutung die Unternehmensführung dem Instrument beimisst, desto größer ist die Verbindlichkeit aller Beteiligten in dem Prozess: sei es als Beobachter oder als Träger der Qualifizierungsmaßnahmen, die nicht nur in Seminarform existieren, sondern vielfach auch in Projektverantwortung.
- Die umfassende, frühzeitige und offene Information und Einbindung der Arbeitnehmervertreter in allen AC-Phasen tragen zum Betriebsfrieden bei und steigern die Akzeptanz für die AC-Methode insbesondere bei den Teilnehmern.

> „Ein Assessment Center ohne gezielte Einbettung in das Gesamtsystem der Personal- und Organisationsentwicklung kann auf Dauer auch seine ureigensten Zwecke nicht erfüllen. [...]
>
> Ein Assessment Center muss daher in das umgebende System eingebettet sein. Diese Einbettung betrifft zumindest die Fragen der Vorauswahl und die Schnittstellen zu nachfolgenden Trainingsmaßnahmen. Erfahrungsgemäß reicht diese Minimaleinbettung nicht aus und kann nur in den Fällen als Erfüllung des Systemprinzips betrachtet werden, in denen eine Anwenderorganisation keinerlei systematische Mittel der Personalentwicklung besitzt.“[71]

Die Einbettung der in dem Assessment Center gewonnenen Informationen in das Gesamtsystem eines Human Resource Managements (HRM) erfolgt in ausführlicher Form in Teil IV dieses Buches. Dort wird beschrieben, wie Sie das AC-Verfahren von der Planung bis zur Auswertung der Ergebnisse in das personalwirtschaftliche Prozedere und das gesamte betriebliche Umfeld integrieren können, um dessen volle Wirkung zu erzielen.

---

71 www.arbeitskreis-ac.de

Teil III: AC-Übungen und deren Anwendungsspektrum

1. Grundsätzliches

Im Folgenden werden nur die Elemente oder AC-Übungen vorgestellt, die entweder

- während der Aufgabenaus- oder Übungsdurchführung einer Beobachtung unterliegen oder
- deren Ergebnispräsentation beobachtet wird.

Alle Verfahren, bei denen Kandidaten etwas erstellen, bei dem nur das Ergebnis einer Beurteilung unterzogen wird, aber der Kandidat weder bei der Ausführung noch bei der Präsentation des Ergebnisses beobachtet wird, gehören nicht zu einem Assessment Center im klassischen Sinne. Hierzu zählen alle Testverfahren wie Intelligenztest, Persönlichkeitstest und auch Arbeitsproben im Sinne eines „Erzeugnisses“ (Gesellen- oder Meisterstück).

Solche Verfahren können durchaus sinnvoll sein, können aber jederzeit auch ohne Assessment Center durchgeführt werden. Durch sie können Ergebnisse eines Assessment Centers sinnvoll ergänzt werden oder sie dienen der vorgeschalteten Selektion für die Teilnahme an einem Assessment Center.

AC-Übungen können nach unterschiedlichen Kriterien geclustert werden.

Tabelle 34: *AC-Übungen nach Interaktion*

Interaktion	Beschreibung
Einzeln	Eine Person wird in einer Einzelsituation von mehreren Beobachtern evaluiert. Es findet keine aktive Interaktion zwischen den Parteien statt. ■ Präsentation ■ Postkorb-Übung ■ Fallstudie ■ Bericht/Vortrag ■ Bau und Erläuterung

Interaktion	Beschreibung
Eins zu eins	Eine Person befindet sich mit einer (möglichst neutralen) Person in einer programmierten und damit gesteuerten Interaktion, während mehrere Beobachter evaluieren. Zwischen Beobachtern und dem Kandidaten findet keine aktive Interaktion statt. ■ Interview ■ Rollenspiel
Eine Gruppe	Mehrere Personen befinden sich in einer Gruppensituation, die von mehreren Beobachtern evaluiert wird. Es findet keine Interaktion zwischen den Parteien statt. Interaktion besteht nur innerhalb der Kandidatengruppe. ■ Gruppendiskussion über einen Verteilungskonflikt ■ Gruppendiskussion zur Problemlösung/Konzepterstellung ■ Konstruktionsübung ■ Gabeltest, Verhalten bei Smalltalk ■ Planspiel
Mehrere Gruppen	Mehrere Gruppen befinden sich in einer „Konkurrenzsituation" untereinander. Es treten sowohl Effekte wie bei der vorgenannten Kategorie auf als auch Effekte zwischen den Gruppen. Es findet gesteuerte Interaktion statt. Die Beobachter erfassen die Prozesse innerhalb der Gruppen und benchmarken die Gruppen. ■ Lösung von Fallstudien ■ Konstruktionsübung zu einem Teilprojekt

Tabelle 35: *Weitere Differenzierungskriterien für AC-Übungen*

Interventionsgrad		
Keine gesteuerte Intervention z. B. Präsentation	Intervention durch eine beteiligte Person, die plötzlich auf Anweisung ihre Rolle ändert z. B. Rollenspiel	Interaktion durch Regieanweisung der Beobachter z. B. Gruppendiskussion mit Interaktion
Kompetenzorientierung		
Lösungsorientiert, es wird beobachtet, wie der Kandidat bei der Lösung von Aufgaben vorgeht, Analytik, Struktur und Organisation stehen im Vordergrund, z. B. Fallstudie Fokus: Methodenkompetenz	Verhaltensorientiert, es wird der Beitrag des Einzelnen zum Gruppenergebnis beobachtet, die Lösung oder der Lösungsweg sind sekundär, z. B. Gruppendiskussion Fokus: Sozialkompetenz	Stabilität, es wird beobachtet, wie ein Kandidat mit sich verändernden, zum Teil widersprüchlichen Situationen umgeht, z. B. Interview, Rollenspiel Fokus: Persönlichkeitskompetenz

Folgende Dinge sollten Sie unbedingt bei der Erarbeitung von Übungen beachten:

- Die Übungen müssen eine möglicht hohe Realitätsnähe aufweisen. Nur dann werden die Übungen selbsterklärend und die Teilnehmer können sehr einfach ihren eigenen Kontext für die Übung entwickeln und sich authentisch in ihre Rolle begeben.

- Übungen müssen Überraschungsmomente beinhalten. Dadurch wird die Möglichkeit, die Übungen zu trainieren, minimiert. Sie wollen nicht einstudiertes Verhalten (Schauspiel) bewerten, sondern authentisches (originäres) Verhalten.

2. Die Präsentation

Eine Präsentation kann von den Teilnehmern gut vorbereitet werden. Hierbei präsentiert ein Teilnehmer zu einem im Vorfeld übertragenen Thema die „Ergebnisse". Diese Übungsform dauert bis zu maximal drei Minuten. Es gibt zahlreiche Themen, zu denen eine Präsentation erfolgen kann. Die Palette reicht von der Vorstellung der eigenen Person über Verkaufspräsentationen bis zum Halten einer Rede zu einem vorgegebenen Thema. Bei der Selbstpräsentation sind die Bewertungskriterien:

- Klare Struktur inklusive Visualisierung,
- Betonung der eigenen sozialen, methodischen, fachlichen, strategischen Kompetenzen,
- Darstellung der eigenen Kompetenzen an Beispielen,
- Positive Darstellung der eigenen Erfahrungen und Kompetenzen,
- Sicheres Auftreten,
- Klare Formulierungen.

Aufgrund der leichteren Vorbereitung, die schon vor dem Assessment Center stattfinden kann, wird die Selbstpräsentation eher selten genutzt, da sie wenig Überraschungsmomente bietet und schauspielerische Elemente zur Geltung kommen. Für das Durchführen einer Selbstpräsentation spricht, dass dies eine gute Einstiegsübung ist, um die Teilnehmer mit der AC-Situation vertraut zu machen (Warming-up). Eine Bewertung dieser Übung sollte dann jedoch nur bedingt vorgenommen werden. Spontane Verkaufspräsentationen oder Kurzreferate hingegen ermöglichen einen guten Einblick in die Spontaneität, die Organisationsfähigkeit und die Überzeugungskraft des Kandidaten. Je nach Anforderung können diese auch in einer Fremdsprache durchgeführt werden.

Zwischenfragen werden in der Regel nicht gestellt. Es findet keine Interaktion zwischen dem Teilnehmer und den Beobachtern statt. Eine Abwandlung ist das Halten einer spontanen Präsentation bzw. Rede zu einem in der konkreten Übung zugerufenen Thema.

Präsentationsübungen

Beispiel 1

Sie bewerben sich um eine Position Ihrer Wahl. Sie haben fünf Minuten Zeit, eine Bewerbung hierfür zu entwerfen, in der Sie Ihre besonderen Merkmale herausarbeiten.

Stellen Sie sicher, dass Sie die von Ihnen angestrebte Position erreichen.

Sie haben zwei Minuten Zeit, Ihre Anzeige zu präsentieren.

Beispiel 2:

An der Hochschule findet jedes Jahr im Rahmen einer Firmenkontaktmesse ein „Präsentationsmarathon“ statt. Dort haben Unternehmen die Möglichkeit, sich im Rahmen einer Kurzpräsentation interessierten Studenten vorzustellen und für sich zu werben.

In Vertretung Ihres Vorgesetzten sind Sie nun kurzfristig gebeten worden, diesen Termin an der Hochschule wahrzunehmen. Sie haben drei Minuten Zeit, die Vorzüge Ihres Unternehmens darzustellen.

3. Der Vortrag

Eine Abwandlung der Präsentationsübung ist der Vortrag. Im Gegensatz zur Präsentation, bei der die plakative Darstellung von Sachverhalten, die Überzeugungsfähigkeit für das Thema und das schnelle Hineindenken in die vorgegebene Situation im Vordergrund stehen, werden bei einem Vortrag die Inhalte stärker betont. Der darzustellende Sachverhalt ist komplexer. Die Vorbereitungszeit und auch die Übungssituation sind daher von längerer Dauer.

Bei dieser Übungsform erhalten die Teilnehmer ein Thema (z. B. Bedeutung guter Führung für den wirtschaftlichen Erfolg eines Unternehmens oder ein kleines Buch zur Rezension). Die Aufgabe wird in der Regel zu Beginn des Assessment Centers übergeben. Die Vorbereitung wird in den Zeiten zwischen den Übungen durch die Teilnehmer eigenständig durchgeführt. Die Bewertungskriterien sind:

- Klare Struktur des Vortrags,
- Eindeutige Thesen und Standpunkte,
- Folgerichtige und schlüssige Argumentation,

- Einfache, modulierte, interessante und teilnehmerorientierte Sprache,
- Sicheres Auftreten, sichere Körpersprache,
- Positive Selbstdarstellung,
- Einsatz von Flip-Chart oder anderen Präsentationsmedien.

Als schriftliches Ergebnis dient die Berichtsform. Hierbei findet die Präsentation des Sachverhaltes in schriftlicher Form statt. Damit kann zusätzlich gestestet werden, inwieweit ein Kandidat in der Lage ist, einen komplexen Sachverhalt kurz und knapp, aber dennoch verständlich und umfassend darzustellen. Dieser Bericht wird zusätzlich zu dem Vortrag als Handout oder Management Summary erstellt.

Beispiel 1: Buchrezension

Vorliegend haben Sie ein Buch über Moderationstechniken. Am Ende des Tages haben Sie im Rahmen einer Präsentation fünf Minuten Zeit, die Zuhörer vom Nutzen dieses Buches zu überzeugen.

Beispiel 2: Komplexer Sachverhalt/Bericht

Sie sind Projektmanager eines großen Bauprojektes. Sie haben anliegend die Statusberichte Ihrer Unterprojektleiter erhalten. Am Ende des Tages haben Sie in einer fünfminütigen Präsentation die Gelegenheit, die Geschäftsführung über den Fortschritt des Bauprojektes zu informieren.

4. Die Postkorb-Übung

Der Klassiker unter den Übungen eines Assessment Centers ist die Postkorb-Übung. Bei ihr sind unter Zeitdruck ca. 15 bis 20 Entscheidungen zu treffen. Den Inhalt des Postkorbs müssen die Teilnehmer nach der Wichtigkeit bewerten und sortieren. Die Aufgabe ist erledigt, wenn für alle Vorgänge

- Prioritäten festgelegt wurden,
- Abhängigkeiten und Zusammenhänge erkannt wurden und dargestellt wurden und
- ein Zeitplan mit visualisiertem Planungsschema für die Erledigung der Aufgaben erstellt wurde.

Eine Beobachtung während der Aufgabenerledigung findet in der Regel nicht statt. Das Aufgabenpaket wird im Vorfeld der Präsentation an die Teilnehmer unter Zeitdruck übertragen, die die Aufgabe in einem Vorbereitungsraum alleine lösen. Die Ergebnisse werden im Rahmen einer Präsentation durch den Teilnehmer vorgetragen. Die Bewertungskriterien hierbei sind:

- Priorisierung der Aufgaben nach der ABC-Analyse,
- Wichtiges von Unwichtigem unterscheiden,
- Analytisches Denken,
- Delegation von Tätigkeiten,
- Rasches Einarbeiten in eine komplexe Managementaufgabe,
- Fähigkeit, Entscheidungen zu treffen,
- Ergebnisorientierung, Erarbeiten einer Lösungsskizze und deren Darstellung.

Die Präsentation der Ergebnisse kann ergänzt werden durch eine Befragung des Teilnehmers seitens der Beobachter hinsichtlich einer Begründung der getroffenen Entscheidungen. Hierdurch erhalten die Beobachter einen besseren Einblick in die Vorgehensweise und Motive bei der Aufgabenerledigung. Die Fähigkeit zur Reflexion der getroffenen Entscheidungen des Teilnehmers wird getestet. Diese Befragung umfasst jedoch ausschließlich das Hinterfragen von Entscheidungskriterien und Motiven im Einzelfall und nicht eine Grundsatzdiskussion über die gesamte Entscheidungsstruktur.

Für die Postkorb-Übung gibt es entwickelte Standardwerke, die ohne viel Aufwand eingesetzt werden können. Diese haben jedoch den Nachteil, dass die Lösungsschemata bekannt sein können. Außerdem weisen diese Standards eine fehlende Nähe zur speziellen betrieblichen Praxis auf. Die Entwicklung einer eigenen, auf die betriebliche Praxis angepassten Postkorb-Übung ist sinnvoll, aber mit hohem Aufwand verbunden, da die Übung in sich konsistent sein muss, aber dennoch einen hohen Komplexitätsgrad aufweisen soll.

Auf die Darstellung einer Postkorb-Übung wird an dieser Stelle verzichtet. Umfangreiche Beispiele finden Sie in der Literatur z. B. bei Jeserich.[72]

72 Jeserich, W. (1991), S. 172ff

5. Die Fallstudie

Diese Form der AC-Übung soll den Berufsalltag von Führungskräften simulieren. In ihr werden die Teilnehmer mit überschaubaren, aber dennoch komplexen Sachverhalten konfrontiert. Fallstudien sind in Einzelarbeit zu lösen. Entweder werden die Fallstudien in der konkreten Beobachtungssituation gestellt oder aber im Vorfeld zur Bearbeitung übertragen.

Unterscheidungskriterien für Fallstudien sind:

- Realitätsnähe: Wird eine Fiktion erzeugt oder findet eher eine Einbindung in eine reale Situation statt?
- Tiefe der Bearbeitung: Ist eine Fallstudie zu erstellen oder sind mehrere kurze Fallbeschreibungen zu bewerten?
- Detaillierungsgrad der Beschreibung: Geht es um das Erkennen konkreter Zusammenhänge oder das Aufzeigen möglicher Handlungsalternativen?
- Lösungsstruktur: Wird nach einer Musterlösung gesucht oder die Herangehensweise an die Problemstellung betrachtet?

In der Praxis gibt es drei Typen von Fallstudien, die sich hinsichtlich ihres Umfangs unterscheiden. Umfangreiche Fallbeispiele, die nicht an der Realität orientiert sind, sind ausführlich in der Literatur beschrieben, z. B. die Übung „Sinkauf KG & Co. GmbH" bei Jeserich.[73] Diese kommen schon fast der Situation eines Planspiels gleich, ohne jedoch interaktive Elemente aufzuweisen.

Weniger standardisierte und determinierte Übungssituationen, die aber dennoch sehr umfänglich sind und die sehr nah an der strategischen Realität des Unternehmens liegen, können sein:

- Erarbeitung einer Vertriebs- oder Expansions-Strategie für das Unternehmen
- Leitung eines fiktiven Unternehmens in einer kritischen Situation
- Bewertung des Immobilienbestandes des Unternehmens
- Erarbeitung einer Strategie zum Arbeitsplatzabbau im Backoffice

Die Aufgabe für eine Fallstudie wird in der Regel zu Beginn des Assessment Centers an die Teilnehmer übertragen. Die Lösung erfolgt durch die Teilnehmer eigenständig während der Zeiten zwischen den Übungen. Die Ergebnisse der Fallstudien werden im Rahmen einer Präsentation durch den Teilnehmer bewertet. Bewertungskriterien sind:

- Methodenwissen,
- Strategisches Denken,

---

73 Jeserich, W. (1991), S. 161ff

- Analytische Aufgabenerfassung,
- Reduktion von Komplexität,
- Rasche Einarbeitung in eine komplexe Managementaufgabe,
- Entscheidungen priorisieren in A-, B- und C-Kategorien.

Als dritter Typus können auch mehrere, weniger umfangreiche Fallstudien als Aufgabenstellung übertragen werden. Es handelt sich dann in der Regel um die Darstellung verschiedener kurzer alltäglicher Führungssituationen, die der Teilnehmer bewerten soll. Hierbei sind Entscheidungen zu treffen und zu begründen.

Fallstudien können auch ohne Vorbereitungszeit übertragen werden. Dann muss jedoch darauf geachtet werden, dass die Zeit für die Übung entsprechend um die Vorbereitungszeit des Teilnehmers während der Übung angepasst werden muss. Nachteilig ist jedoch, dass damit der Komplexitätsgrad stark sinken muss, damit die Fallstudie lösbar ist.

Beispiel Kurzfälle

Bitte lesen Sie sich die folgenden Sachverhalte durch und bearbeiten Sie die jeweiligen Fragen. Für die Präsentation haben Sie sieben Minuten Zeit.

Kurzfall 1:

Sie sind Personalleiter in einem Produktionswerk. Als Sie in die Fräserei kommen, fliegt auf einmal ein Knäuel Putzwolle von hinten knapp an Ihnen vorbei. Sie drehen sich sofort um, können aber nicht feststellen, wer das Knäuel geworfen hat. Alle Mitarbeiter arbeiten und nehmen keinerlei Notiz von Ihnen. Wie verhalten Sie sich?

Kurzfall 2:

Sie sind frisch gekürter Abteilungsleiter in dem Bereich, in dem Sie bisher immer Mitarbeiter waren. Ihr Vorgesetzter hat Ihnen sehr deutlich zu verstehen gegeben, dass er in Zukunft mehr Qualität und Termintreue von dieser Abteilung erwartet. In der Tat wurde der vorherige Abteilungsleiter abgelöst, weil der die Probleme der Abteilung nicht in den Griff bekommen hat. Zu Ihrer Abteilung gehören vorzugsweise ältere, sehr erfahrene Kollegen. Sie sind erst seit drei Jahren in der Abteilung.

In einer der ersten Abteilungssitzungen stellen Sie dar, wie Sie sich die zukünftige Zusammenarbeit vorstellen. Sie formulieren hierbei klar Ihre Erwartung, dass zukünftig keine Fehler mehr passieren und alle ihr Bestes geben sollen. Im Nachgang zu der Besprechung hören Sie folgendes Gemurmel Ihrer Mitarbeiter:

„So ein jungscher Kerl will uns erzählen, was wir zu tun haben. Dem werde ich es zeigen."

„Der ist ja aufgeblasen. Spielt sich nur auf. Hat ja gar keine Erfahrung.“

„Was sollen wir denn noch tun? Wie sind ja jetzt schon ständig unter Druck. Nur Überstunden und nie Anerkennung der Leistung!“

„Der glaubt doch wohl nicht, dass ich mich zwei Jahre vor der Rente noch krumm mach.“

„Der ist ja nur ausführendes Organ seines Vorgesetzten. Der hat keine eigene Meinung.“

„Und nun, was sollen wir konkret tun? Nur Parolen und nichts dahinter!“

Wie verhalten Sie sich? Welche Maßnahmen ergreifen Sie?

Formulieren Sie jeweils Ihre Entscheidung mündlich und begründen Sie diese.

6. Das Interview

Interviews können auf verschiedene Arten durchgeführt werden. Sie können zum einen strukturiert (nach Fahrplan, Fragenschema, konkret definierten Gesprächsfeldern, konkreten Antworten zu spezifischen Themen) oder unstrukturiert (in Abhängigkeit vom Gesprächsverlauf, ohne Vorgabe, welche Felder konkret abgearbeitet werden müssen) erfolgen. Die Vor- und Nachteile beider Verfahren liegen auf der Hand. Bei der standardisierten Interviewform sind die Übungen der einzelnen Teilnehmer gut miteinander vergleichbar, während dieses bei dem freien Interview aufgrund des sehr unterschiedlich ausfallenden Verlaufes des Interviews nur schwer möglich ist. Allerdings bietet die freie Interviewform auch bessere Möglichkeiten auf Argumente einzugehen und die Interviewsituation realistischer zu gestalten. Diese kann bei einem strukturierten Interview sehr mechanisch und starr wirken.

Eine Anwendungsmöglichkeit kann die Durchführung eines Interviews durch einen im Vorfeld benannten und geschulten Beobachter sein. Alle anderen Beobachter bewerten die Situation. Die Interviewsituation ist realistisch zu gestalten. Sie enthält in der Regel auch provozierende Elemente, die den Teilnehmer emotional berühren sollen. Situationen können beispielsweise sein Stellungsnahme zum Betriebsunfall, Mobbing-Vorwurf, Tarifverhandlungen. Beobachtungskriterien sind:

- Emotionale Stabilität unter Stress
- Ausdrucksvermögen
- Reduktion von Komplexität
- Identifikation

- Konfliktfähigkeit
- Überzeugungsfähigkeit

Eine Variation der Interviewmethode stellen Übungen dar, die scheinbar nicht mehr im Zusammenhang mit den Beobachtungssituationen des Assessment Centers stattfinden. Hierbei finden auf den ersten Blick belanglos wirkende Unterhaltungen zwischen einem Beobachter und einem Teilnehmer statt (z. B. Pausengespräche). Das, was auf den Teilnehmer zunächst „harmlos" wirkt, ist in Wirklichkeit eine in das Assessment Center integrierte Übung. Nachteilig ist hierbei, dass es nur eine geringe Standardisierung gibt, die Beobachtung durch den interviewenden Beobachter selbst erfolgt und die Übung nicht zu gekünstelt aussehen darf. Es ist zudem mit allen Teilnehmern ein Gespräch zu führen. Die Wahrscheinlichkeit, alle Teilnehmer in zwanglosen und vor allem unvorbereiteten Situationen während des Assessment Centers anzutreffen und zu überraschen, ist jedoch gering.

Eine weitere Abwandlung ist eine Interviewform, bei der mit jedem Teilnehmer ein Gespräch über das Assessment Center geführt wird. Dieses kann als Zwischenauswertung oder als Abschlussgespräch bezeichnet sein. Bestandteil können hierbei Themen sein, wie z. B.,

- was der Teilnehmer des Assessment Center empfindet,
- was er für ein Gefühl hat,
- wie er die anderen Teilnehmer erlebt,
- wie die Situation in der Teilnehmergruppe ist.

Problematisch an den verdeckten Interviewformen ist, dass Beobachter und handelnde Person verschmelzen. Es kann keine Beobachtungskorrektur stattfinden. Wird die Übung mit zwei Beobachtern durchgeführt, um diesem Effekt Rechnung zu tragen, wird sofort der Testcharakter erkennbar. Von daher ist es sinnvoll, bei Durchführung eines solchen Interviews den Übungscharakter und dessen Einbeziehung in das Assessment Center zu Beginn offenzulegen.

Eine weitere Variante der Interviewform, die in ein Assessment Center eingebaut werden kann, stellt das Tiefeninterview dar.[74] In einem unstrukturierten Interview können biografische Aspekte, aber auch Motivationen, Ziele, Interessen, Rollenverständnisse und Verhaltensmuster vertieft und hinterfragt werden. Wie bereits ausgeführt, stellt ein unstrukturiertes Interview eine hohe Herausforderung für den Interviewer dar. Die Gefahr besteht, sich in Details zu verlieren. Ursache-Wirkungsketten, die das Verhalten des Interviewpartners determinieren, können dabei aus dem Blickfeld geraten.

74 Durnwalder, K. (Hrsg.) (2001), S. 139

Interviewsituationen

Beispiel 1:

Sie sind der Vertreter Ihres Unternehmens auf einer Hochschulkontaktmesse. Ihr Unternehmen hat eine überdurchschnittliche Ausbildungsquote. Pro Jahr stellen Sie 30 Auszubildende in den unterschiedlichsten kaufmännischen und technisch-gewerblichen Ausbildungsberufen ein. Außerdem bieten Sie Studienplätze im Rahmen eines dualen Studiums im Bereich der Wirtschaftswissenschaften an. Heute liegt Ihr Fokus auf der Gewinnung von Ingenieuren im Bereich Maschinenbau.

Eine Person, die nicht aussieht wie ein Kandidat, sondern wie ein Wettbewerber, kommt zielstrebig auf Sie zu.

Beispiel 2:

Sie sind Leiter der Fertigung Ihres Unternehmens. Sie kommen morgens zur Firma. Bereits in der Nacht wurden Sie von der Leitstelle unterrichtet, dass es einen schweren Unfall eines Leiharbeiters gegeben habe. Dieser ist vier Meter tief von einer Brüstung gefallen und hat sich dabei lebensgefährlich verletzt. Dies ist der erste Vorfall seit langer Zeit. Die Arbeitsplatzbegehungen der Arbeitssicherheit in der Vergangenheit haben nie Auffälligkeiten aufgewiesen.

Als Sie aus dem Auto steigen, kommt ein Kamerateam vom Frühstücksfernseh-Programm auf Sie zu.

7. Das Rollenspiel

Rollenspiele werden eingesetzt, wenn die Anforderungen der zu besetzenden Funktion insbesondere kommunikative Aspekte umfassen, die in einer Eins-zu-eins Situation zu lösen sind. Dies können z. B. Verhandlungssituationen, kritische Vorgesetzten-Mitarbeiter-Gespräche oder Verkaufssituationen sein. Wichtig für den Teilnehmer ist die schriftliche Vorinformation über seine zu verkörpernde Rolle und die geltenden Rahmenbedingungen.

Rollenspiele sind Kernelemente eines jeden Assessment Centers. Bewertungskriterien hierbei sind:

- Zielverfolgung
- Herausarbeiten der Kundenwünsche und Probleme
- Adäquate Kundenansprache und Dialogsuche
- Aktives Zuhören, Empathie
- Lösungsorientierung
- Positive Präsentation des Unternehmens
- Umgang mit Stress

Als Gesprächspartner wird entweder eine neutrale Person oder ein Beobachter eingesetzt. Dieser sollte im Vorfeld geschult und mit seiner Rolle vertraut sein. Alle anderen Beobachter bewerten die Situation. Die „Regieanweisung" der Gesprächsperson weicht in der Regel von der des Teilnehmers in einigen Elementen ab. Hierdurch entstehen zum einen während der Übung Überraschungsmomente, die der Teilnehmer zu bewältigen hat. Zum anderen wird getestet, inwieweit es dem Teilnehmer gelingt, den Gesprächspartner dahin zu bringen, dass dieser sich öffnet und wichtige Informationen preisgibt, die sein Handeln determinieren.

Rollenspiel Mehrarbeit/Teilnehmerinstruktion

Sie sind Abteilungsleiter einer Buchhaltungsabteilung. In Ihrer Abteilung wird derzeit ein neues Buchhaltungssystem eingeführt. Dies bedeutet, dass zurzeit parallel in zwei Systemen gearbeitet wird und Stammdaten manuell in das neue System eingegeben werden müssen. Da dieses System mit anderen Systemen stark vernetzt ist, können Datenübernahmen nur nachts oder am Wochenende durchgeführt werden.

Das Projekt ist deutlich hinter dem Zeitplan und das veranschlagte Budget ist weit überzogen. Sie sind der Projektverantwortliche, der die Situation dem Vorstand gegenüber vertreten muss.

Auch für diesen Sonntag ist wieder eine Datenübernahme geplant. Hierfür müssen alle verfügbaren Mitarbeiter freitags in der Nacht und auch am Samstag die Datenübername vorbereiten.

Entscheidend für die erfolgreiche Übernahme sind Herr Bit und Frau Byte. Beide sind in der Buchhaltung die systemverantwortlichen Mitarbeiter, die die Schnittstelle zur Datenverarbeitung bilden.

Beide Mitarbeiter haben bereits seit Monaten erhebliche Überstunden geleistet. Herr Bit hatte bereits einen Schwächeanfall und lag vor einigen Wochen im Krankenhaus mit einem Tinnitus. Auch jetzt hat er mit Ihrer ausdrücklichen Zustimmung ein Wellness-Wochenende gebucht, um sich zu erholen.

Ihre ganze Hoffnung liegt nun auf Frau Byte. Diese haben Sie nun zum Gespräch gebeten und wollen Sie davon überzeugen, am Freitag und am Samstag zu arbeiten.

Für Ihre Überzeugungsstrategie haben Sie nicht die Möglichkeit, Geld als Kompensation anzubieten. Ihr Vorgesetzter, Herr Budget, hat Ihnen bereits sehr deutlich zu verstehen gegeben, dass er weitere Zeitverschiebungen sowie Überschreitungen der geplanten Kosten nicht mehr duldet. Dafür würde er Sie ansonsten persönlich in die Verantwortung nehmen.

Vorbereitungszeit: 2 Minuten/Diskussionszeit: 8 Minuten

Rollenspiel Mehrarbeit/Rollenspielerinstruktion

Sie sind Mitarbeiter einer Buchhaltungsabteilung. In Ihrer Abteilung wird derzeit ein neues Buchhaltungssystem eingeführt. Dies bedeutet, dass zurzeit parallel in zwei Systemen gearbeitet wird und Stammdaten manuell in das neue System eingegeben werden müssen. Da dieses System mit anderen Systemen stark vernetzt ist, können Datenübernahmen nur nachts oder am Wochenende durchgeführt werden.

Sie wissen, das das Projekt deutlich hinter dem Zeitplan liegt. Ihr Abteilungsleiter ist der Projektverantwortliche, der diese Situation dem Vorstand gegenüber vertreten muss.

Auch für diesen Sonntag hat Ihr Abteilungsleiter wieder eine Datenübernahme geplant. Hierfür müssen alle verfügbaren Mitarbeiter freitags in der Nacht und auch am Samstag die Datenübernahme vorbereiten.

Entscheidend für die erfolgreiche Übernahme sind Herr Bit und Sie. Sie beide sind in der Buchhaltung die systemverantwortlichen Mitarbeiter, die die Schnittstelle zur Datenverarbeitung bilden.

Sie beide haben bereits seit Monaten erhebliche Überstunden geleistet. Ihnen ist bekannt, dass Herr Bit aufgrund eines Schwächeanfalls vor einigen Wochen im Krankenhaus lag. Zurzeit hat Herr Bit mit ausdrücklicher Zustimmung Ihres Abteilungsleiters ein Wellness-Wochenende gebucht, um sich zu erholen.

Ihr Chef hat Sie nun zu einem Gespräch gebeten. Sie gehen davon aus, dass er Sie bitten wird, am Freitag und am Samstag zu arbeiten.

Ihre Mutter feiert am Wochenende ihren 60. Geburtstag. Ihr Sohn hat sich in der Schule verschlechtert. Er steht ein Jahr vor dem Abitur und es scheint zweifelhaft, dass er dieses erreichen wird. Ihr Mann hat Ihnen sehr deutlich zu verstehen gegeben, dass er es nicht länger toleriert, dass Sie sich nicht um ihn kümmern. Er beginnt seine eigenen Wege zu gehen. Ein Urlaub mit ihm würde Ihnen gut tun.

Diskussionszeit: 8 Minuten

8. Die Gruppendiskussion

Gruppendiskussionen sind die am häufigsten vorkommenden Übungen im Rahmen eines Assessment Centers. Sie können mit und ohne vorgegebene Rollen für die Teilnehmer durchgeführt werden. Bei einer Rollenvorgabe soll der Teilnehmer die jeweils anderen Teilnehmer von seinem Standpunkt überzeugen. Klassisches Beispiel hierfür ist die Dienstwagenverteilung bei Außendienstmitarbeitern.[75]

Bei einer Diskussion ohne vorgegebene Rollen wird ein Sachverhalt oder eine Aufgabe in die Runde gegeben. Die Teilnehmer müssen sich dann vor dem Hintergrund ihrer eigenen Erfahrungen, Einstellungen und Bewertungen der geschilderten Situation auf eine gemeinsame Vorgehensweise oder Lösung einigen. Beispiel hierfür ist z. B. die Erstellung eines Vermarktungskonzeptes für ein Produkt oder die Ausgestaltung einer Unternehmensfeier.

Die Aufgabenstellungen aus den Fallstudien können denen einer Gruppendiskussion inhaltlich gleichen. Der Fokus der Beobachtung und Bewertung liegt bei den Gruppenübungen allerdings auf den interpersonellen gruppendynamischen Prozessen, die sich während der Aufgabenlösung ergeben, und nicht auf der Plausibilität der Lösung selber wie bei den Fallstudienübungen.

In einer abgewandelten Form priorisieren die Teilnehmer zunächst Verhaltensweisen oder Entscheidungen für sich selbst. In einer anschließenden Gruppendiskussion wird dann nach einer gemeinsam getragenen Konsenslösung gesucht. Klassiker sind hier Übungen wie **NASA-Übung, Seenot** oder **Wüstencrash.**

Bei der NASA-Übung landet eine Gruppe auf der dunklen Seite des Mondes und muss zu ihrem Basislager, das mehrere Kilometer entfernt ist. Die Teilnehmer müssen zunächst individuell zehn Gegenstände in der Reihenfolge bewerten, in der sie diese für wichtig erachten, mitzunehmen (z. B. Sauerstoff, Wasser usw.). Anschließend soll die Gruppe eine gemeinsam getragene Lösung erarbeiten. Die Bewertungskriterien hierbei sind:

- Durchsetzung eigener Ideen in der Gruppe
- Fähigkeit, andere in die Arbeit einzubeziehen und für eigene Ideen zu gewinnen
- Zielorientierung
- Umgang mit Konflikten in Gruppen
- Gruppenintegrität
- Teamarbeit

75 Jeserich, W. (1991), S. 141ff

Gruppendiskussion/Entscheidung (Schiffbruch auf hoher See)

Sie sind auf einem leckgeschlagenen Schiff auf hoher See und müssen innerhalb der nächsten drei Minuten entscheiden, welche Dinge Sie in das Rettungsboot mitnehmen.

Nr.	Gegenstand	Eigene Reihenfolge	Endgültige gemeinsame Reihenfolge
1	Leuchtpistole mit Munition		
2	Regenjacke und Regenhose		
3	200 Liter Wasser		
4	Rettungsinsel		
5	Erste-Hilfe-Kiste		
6	Kompass		
7	Ruder		
8	Streichhölzer		
9	Ess- und Kochgeschirr		
10	Fertignahrungsrationen		
11	Werkzeug, Schrauben, Nägel		
12	Seekarten		
13	Sonnensegel		
14	Taschenlampe		
15	Messer		
16	Gewehr mit Munition		

Nachdem Sie nun Ihre eigene Reihenfolge gebildet haben, haben Sie 15 Minuten Zeit, eine gemeinsame Reihenfolge zu bilden. Überzeugen Sie hierbei die anderen Gesprächsteilnehmer von der Richtigkeit Ihrer Rangreihe.

Die optimale Größe für eine Gruppenübung liegt bei vier bis sechs Teilnehmern. Bei weniger Teilnehmern droht die Gefahr, dass Diskussionen zu schnell ins Stocken geraten oder zum Konsens führen. Bei größeren Gruppen wird es für den Einzelnen immer schwieriger, sich in die Gruppensituation einzubringen. Die Dauer einer Diskussion sollte 20 Minuten nicht unterschreiten. Bei längeren Diskussionen ist eine Intervention einzubauen, um neue Rahmenbedingungen zu schaffen. Auch für die Beobachter ist dies eine Chance, die Beobachtung nochmals unter neuen Gesichtspunkten zu beginnen. Dies erhöht den Wahrnehmungsgrad in der Beobachtung und erzeugt ganz neue gruppendynamische Effekte.

Interventionen können wie folgt aussehen: Eine Gruppe erhält den Auftrag, für einen besonderen Anlass ein Konzept zu erstellen. Die Teilnahme an diesem Anlass hat eine hohe Bedeutung für alle Teilnehmer. Hiervon hängt auch die Zuteilung von Fördergeldern ab. Es ist ein diesbezügliches Konzept zu erstellen. Nach 15 Minuten Diskussion kommt die Regieanweisung, dass die Person, die über die Zuwendung der Fördergelder entscheidet, in zehn Minuten eine Präsentation zu diesem Thema erwartet.

Aus der zeitunkritischen Diskussion ohne reale Konsequenz entwickelt sich blitzartig eine zeitkritische Situation. Die Gruppe muss nun zu einer Entscheidung kommen, es sind Ergebnisse zu dokumentieren, es ist jemand zu benennen, der die Präsentation durchführt. Die Diskussion wird schärfer, der gekünstelte Laboreffekt dieser Diskussion rückt immer weiter in den Hintergrund.

Kritisch an den Gruppendiskussionen wird angemerkt, dass insbesondere gute „Schauspieler" in Gruppendiskussionen erfolgreich sein können. Gerade durch das Einbringen eines Überraschungsmomentes lassen sich diese aber „aus dem Konzept bringen".

Gruppendiskussion mit Intervention

Sie sind Mitglied einer Projektgruppe, die sich aus Managern mehrerer Unternehmen aus der Region zusammensetzt. Sie wurden gebeten, sich Gedanken zu machen, welche Argumente und Vorzüge die Region für die Ansiedelung von neuen Unternehmen bietet.

Im nächsten Frühjahr findet in Ihrer Region der G8-Gipfel statt. Zu diesem Zeitpunkt ist die Region im Mittelpunkt des Weltinteresses. Dies ist eine gute Situation, die Region auch als attraktiven Wirtschaftsstandort darzustellen.

Es ist die erste Projektgruppensitzung. Alle Teilnehmer der Gruppe kennen sich seit Jahren aus der Zusammenarbeit in verschiedenen Kammern und Interessenvertretungen.

Ihre Aufgabe ist es, ein umfassendes Bild aller sinnvollen Möglichkeiten von Aktivitäten zu erarbeiten. Dieses soll dann die Grundlage für einen umsetzungsorientierten Aktionsplan bieten.

Sie haben 20 Minuten Zeit zur Diskussion.

Intervention (den Teilnehmern nicht bekannt):

Nach 15 Minuten kommt durch den Moderator die Ankündigung, dass in fünf Minuten vor dem Referenten des zuständigen Wirtschaftsministers der Region das Konzept zu präsentieren sei. Dieser habe anlässlich eines Besuches in der Region fünf Minuten Zeit, sich zu informieren.

9. Die Konstruktionsübung

Eine Konstruktionsübung ist wie eine Gruppendiskussion – mit dem Unterschied, dass das Diskussionsergebnis real entsteht. Bekannt sind die Turmbau- oder die Brückenbauübung. Bei diesen Aufgaben geht es um Teamleistung und damit für den Einzelnen darum, wie er sich im Team behauptet, seine Ideen vertritt und durchsetzt sowie welche Rolle er einnimmt. In der Regel gibt es klare Vorgaben, welche Grunddaten beim Bau einzuhalten sind und welche Funktion das Bauwerk erfüllen muss. Zudem sind die verfügbaren Ressourcen, die für den Bau zur Verfügung stehen, definiert und knapp. Das Ergebnis der Übung kann nachgemessen bzw. in einem Belastungstest überprüft werden. Die Bewertungskriterien sind:

- Durchsetzung eigener Ideen in der Gruppe
- Fähigkeit, andere zur Kooperation zu bewegen und für eigene Ideen zu gewinnen
- Zielorientierung
- Umgang mit Konflikten in Gruppen
- Strukturierung von Gruppen, Führungsfähigkeit, Delegationsverhalten
- Beteiligung am Gruppenprozess
- Ergebnis

Beispiel Brückenbau

Sie haben das vor Ihnen liegende Baumaterial. Anderweitiges Baumaterial dürfen Sie nicht verwenden. Das Baumaterial muss ausreichen. Zusätzliches Material darf nicht nachgeordert werden (Budget-Einhaltung).

Daten der Brücke:

Die Brücke muss einen Fluss von 50 cm überspannen. Es darf keine Gründung eines Stützpfeilers im Fluss geben. Die Durchfahrtshöhe muss auch bei mittlerem Hochwasser 10 cm betragen. Das mittlere Hochwasser beträgt 2 cm über Normal. Die Brücke ist eine Autobahnbrücke. Diese ist vierspurig mit einem Standstreifen von 2 cm. Die Spurbreite beträgt 2,5 cm. Die Ansatzpunkte der Brückenauffahrten liegen bei 5 cm. Die Steigung der Rampen darf 10 Prozent nicht übersteigen. Die Brücke soll einer Belastung von 2 Kilogramm in der Mitte der Brücke standhalten.

Sie haben 45 Minuten Zeit für den Brückenbau.

Bei zwei Gruppen: Die Gruppe mit der originellsten Brückenkonstruktion erhält einen Preis.

10. Das Planspiel

Das Planspiel ist ein Bindeglied zwischen Theorie und praktischer Anwendung. Hierbei wird der Umgang mit komplexen Situationen ebenso geschult wie die soziale Integration und die Verbesserung zwischenmenschlicher Verhaltensweisen.[76] Planspiele werden auf spezielle Rahmenbedingungen ausgerichtet. Hierdurch ergeben sich folgende Nachteile:

- Die Anwendung ist sehr spezifisch, dadurch ergibt sich ein geringes Anwendungsspektrum. Je allgemeiner die Planspiele gestaltet sind, um ein größeres Anwendungsspektrum abzudecken, desto geringer ist deren Aussagefähigkeit.
- Die Entwicklungs- und Anpassungskosten sind sehr hoch und stehen zu dem Anwendungsspektrum in einem ungünstigen Verhältnis.
- Das Planspiel basiert auf einem Modell. Dieses Modell ist normiert und damit in sich geschlossen. Die Komplexität des Unternehmensalltags ist kaum abzubilden.
- Spielabfolge und Ursache-Wirkungsketten sind determiniert. Dadurch ist die Flexibilität insbesondere in Bezug auf die Abbildung gruppendynamischer Prozesse stark eingeschränkt.

Ein Planspiel ist nur schwer in ein Assessment Center zu integrieren. Allerdings könnte ein Planspiel das Assessment Center sein.

Es gibt eine Reihe von standardisierten und computergestützten Planspielen. Im deutschsprachigen Raum liegen inzwischen mehr als 400 Planspielentwicklungen mit einer Vielzahl unterschiedlicher Konfigurationen vor. Ihre Einsatzziele lassen sich grob folgendermaßen klassifizieren:[77]

- **Unternehmensplanspiele:** Diese können Handlungsfelder simulieren, die in der betrieblichen Praxis nicht systematisch bzw. nur ungenügend trainiert werden können. Das betrifft kaufmännische Funktionen bzw. Führungsaufgaben, die durch den Planspielteilnehmer im betrieblichen Alltag nicht eingenommen werden. Darüber hinaus können Handlungsfelder, die mit hohem betriebswirtschaftlichen Risiko verbunden sind, simuliert werden und so ein "gefahrloses" Probieren betriebswirtschaftlicher Strategien ermöglichen. Die Simulation der Auswirkung getroffener Entscheidungen und die damit verbundene Rückkopplung des Lernhandelns sind dabei wesentliche Lernbedingung.
- **Free-Form- bzw. Verhaltensplanspiele:** Diese helfen bei der Lösung von Organisationsentwicklungsproblemen in Unternehmen. Sie unterstützen das Generieren von innovativem Wissen im Unternehmen durch Förderung des betrieblichen Dialogs und sind ferner Instrumente für lernwirksames Probehandeln beim Umsetzen des Wissens in Organisati-

76 Orth, C (1997), S. 1
77 BMFB, Berufsbildungsbericht 1998

onslösungen. Planspiellernen ist Teil von Organisationsentwicklungs-Arbeit. Diese Planspielfunktion wird aktuell in Branchen genutzt, in denen erhebliche Veränderungen der Marktbedingungen ablaufen. Einzelne Unternehmen im Bereich der Elektrizitätsversorgung nutzen z. B. Planspiele, um die Sensibilisierung ihrer Mitarbeiter für den veränderten Markt zu erhöhen und über das Planspielen (planspielendes Lernen) Plattformen für die Diskussion marktgerechter Organisationslösungen zu schaffen.

- **Branchen- und unternehmensspezifische Planspielsimulationen:** Diese können für individuelle Problemlösungsbedarfe aus der Arbeitswelt des Lernenden (Nachwuchskräfte, Manager, Existenzgründer) nutzbar gemacht werden und damit arbeitsintegriertes Projektlernen unterstützen.
- **Planspielsimulationen:** Diese können das berufliche Handlungsumfeld der Unternehmensführung mit unterschiedlichem Komplexitätsgrad abbilden und damit angemessene Anforderungssituationen schaffen. Der besondere Vorteil dieser didaktischen Reduktionsmöglichkeit liegt darin, dass die komplexen Bedingungszusammenhänge betriebswirtschaftlichen Managements erhalten bleiben.

Planspiele sind didaktisch multifunktionell nutzbar. Neben Kenntniserwerb und Training von Unternehmensführung können vor allem das Selbsterleben in anspruchsvollen arbeitsnahen Anforderungssituationen, der Erfahrungsaustausch unter Nutzung der gruppendynamischen Effekte in Gruppenplanspielen, das gemeinsame Planspielen als Medium zum Kennenlernen von Gruppenmitgliedern und zur Herstellung eines gemeinsamen Problembewusstseins in (Arbeits-)Gruppen gezielt gefördert werden.

Diese laufen über einen längeren Zeitraum, da im Zeitablauf immer wieder neue Situationen zu bewerten und eigene Verhaltensweisen darauf abzustimmen sind. Die Momente, in denen diese Abstimmungsprozesse in den Teams stattfinden, sind die maßgeblichen Beobachtungssituationen.

Zudem gibt es bislang kaum Erfahrungen zur didaktisch wirksamen Integration von Planspielarrangements in AC-Strukturen. Planspiele selbst verkörpern einen integrierten Trainingsansatz, der das Simulationstraining, die Fallmethode und das Rollenspiel vereint. Deshalb und weil sie in schulischen Organisationsformen angewendet werden können, haben sie aufgrund ihrer hohen Akzeptanz einen gewissen zentralen Stellenwert für die Verstärkung der kompetenzbildenden Funktion in der managementorientierten Fortbildung.[78]

Der Bezug zur Realität ist in der Regel sehr hoch, da eigene Handlungsweisen vor dem Hintergrund von programmierten Ursache-Wirkungs-Ketten ausgewertet und entsprechende Reaktionen als Ergebnis zurückgespielt werden. Professionelle Systeme bilden hierbei auch das Wirken mehrerer konkurrierender Teams ab. Dies spornt den Wettbewerbscharakter an und mindert durch die verstärkte emotionale Beziehung zu der Situation den Laborcharakter.

78 BMFB, Berufsbildungsbericht 1998, Kap. 5.3.6 Kompetenzentwicklung durch Planspieltraining

In der Regel werden Planspiele im Rahmen einer gesonderten Veranstaltung durchgeführt. Ziel ist es dann auf der einen Seite, eine Vermittlung von Fachwissen und gesamtwirtschaftlichen Wirkungszusammenhängen zu vermitteln, und auf der anderen Seite, die gruppendynamischen Prozesse auszuwerten. Planspiele dienen eher zum Lernen, da sie viele Elemente und Zugänge zum Lernen beinhalten.[79]

Die Mehrheit der Unternehmen, die Planspiele innerhalb eines Assessment Centers angewandt hat, ist davon wieder abgekommen. Diejenigen, die diese weiterhin nutzen, haben sie unternehmensspezifisch und anforderungsspezifisch weiterentwickelt.[80] Das Assessment Center wird dann in Form eines Planspiel-ACs durchgeführt.

Der Aufwand zur Erarbeitung solcher Simulationen richtet sich nach der Komplexität des zu simulierenden Realitätsausschnittes und ist im Allgemeinen sehr hoch. Er sprengt damit den ansonsten üblichen Entwicklungsaufwand für Lernmittel. Für komplexe Marktsimulationen können sich die Entwicklungskosten auf bis zu mehreren Millionen Euro belaufen. Deshalb begrenzt sich der Einsatz solcher Planspiele auf die Führungskräftefortbildung von Unternehmen mit entsprechendem Fortbildungsbudget. Durch die schnelle Entwicklung der PC-Technik und ihrer Softwareentwicklungs-Werkzeuge sowie mit fortschreitender Planspielentwicklungserfahrung professioneller Entwickler werden die Anwenderkosten schrittweise verringert. Inzwischen gibt es auch Planspiele, die für wenige Hundert Euro für den Individualgebrauch erworben werden können bzw. Internet-Angebote, die eine Planspielteilnahme zu relativ geringen Kosten ermöglichen. Allerdings wird deren derzeitiges Lernpotential kritisch eingeschätzt, wenn es auch höher liegt als die 20 Prozent Behaltensgrad einer Vorlesung (Hören).[81] Nachteilig ist ebenfalls, dass sie nicht an den Rahmenbedingungen des Unternehmens ausgerichtet sind.

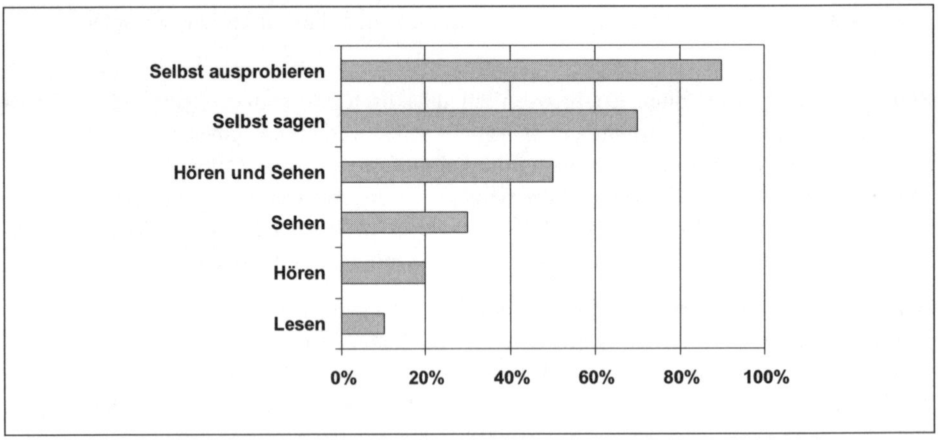

Abbildung 19: *Zusammenhang von Behaltensgrad und Lernmethode*

79 Mohsen, F. (2002), S. 30.
80 Trauernicht, K. (2001), S. 58
81 BMFB, Berufsbildungsbericht 1998

11. Übungsvarianten

Neben den klassischen Übungsarten ist ein Methodenmix denkbar. Hier sind Sie frei, selber zu gestalten, welche Übungen Sie miteinander verknüpfen. Dies darf jedoch nicht wahllos aus reiner Experimentierfreude geschehen. Zu beachten ist:

- Die Übung darf den Realitätsbezug nicht verlieren. Sie muss ein Abbild einer realen Situation bleiben. Nur dann erreichen Sie Ihr Ziel einer realistischen Verhaltensbeobachtung.
- Die Übung muss für die Teilnehmer verständlich sein. Durch die Verknüpfung verschiedener Übungsarten miteinander darf bei den Teilnehmern keine Verwirrung darüber aufkommen, was deren Aufgabe ist.
- Die Erläuterung der Übung darf im Verhältnis zur eigentlichen Übung nicht zu viel Zeit in Anspruch nehmen. Übungsinhalte müssen schnell, einfach und unmissverständlich zu kommunizieren sein.

Je komplexer Übungsarten sind, z. B. bei der Verbindung von Präsentationen mit dem Übergang in eine Gruppendiskussion, desto weniger ist es sinnvoll, sich auf wenige Bewertungsmerkmale zu beschränken. Durch die Veränderung der Rahmenbedingungen ändern sich ja geradezu die Anforderungen an die Teilnehmer. Die Möglichkeit, eine weitaus größere Fülle an Informationen zu erhalten und in die Bewertung einzubeziehen, würde verschenkt werden. Für komplexe Übungssituationen sollte daher der handlungsorientierte AC-Ansatz gewählt werden, d. h. die Beoabachtung sollte nicht anhand im Vorfeld festgelegter Anforderungsmerkmale, sondern auf Basis des gesamten Anforderungskataloges durchgeführt werden. Neben der Erfüllung der einzelnen Anforderungsmerkmale steht insbesondere der Umgang der Teilnehmer mit der sich veränderten Übungssituation im Mittelpunkt der abschließenden Bewertung. Eine Entwicklung von Übungsvarianten hat somit nicht den Fokus auf der Beobachtung und Bewertung isolierter Anforderungsmerkmale, sondern auf dem Umgang mit sich ändernden Rahmenbedingungen. Daher ist deren Einsatz in Potenzial-ACs empfehlenswert.

Teil IV: Human Resources Management und Assessment Center

1. Einbindung in ein strategisches Personalmanagement (HRM)

Grundlage jeder Personalpolitik ist die Entwicklung einer Personalstrategie. Diese leitet sich aus den Unternehmenszielen und der Unternehmensstrategie ab. Dieses ist in Abbildung 20 dargestellt. Hieran orientieren sich auf der Management Ebene die Auswahl und Ausgestaltung eingesetzter personalwirtschaftlicher Methoden und Instrumente. Ihre Anwendung auf der operativen Ebene muss die Erreichung der definierten Ziele unterstützen. Beispiele für den unterschiedlichen Fokus und Methodenmix in Abhängigkeit von der Zielsetzung des Unternehmens und damit auch der in diesem Prozess unterstützenden personalwirtschaftlichen Funktionen sind bei Gmür/Thommen aufgeführt.[82] Eine weitere Determinante, die die Zielsetzung und die Auswahl von personalwirtschaftlichen Instrumenten bestimmt, ist der Reifegrad einer Organisation.[83] Je nach dessen Ausprägung ist der Einsatz bestimmter Instrumente sinnvoll und überhaupt erst möglich. Für den Einsatz von Assessment Centern gilt, dass ein Mindestmaß an einer Vertrauens- und Feedback-Kultur vorhanden sein muss. Ist die Organisation angstgeprägt, werden Fehler nicht als Chance gesehen, wird auf Personalentwicklung kein Wert gelegt und werden Herausforderungen als Risiken angesehen, so ist von der Durchführung eines Assessment Centers dringend abzuraten.

Eingesetzte Instrumente müssen sich in das jeweils vorhandene Umfeld einordnen. Dies gilt auch für Assessment Center. Diese müssen in einen Kontext eingebunden sein und sich mit anderen Instrumenten ergänzen. Erst dann entfalten sie ihre volle Wirkung im Human Resources Management.

82 Gmür, M./Thommen, J.-P. (2007), S. 23ff
83 Schuhmacher, F./Geschwill, R. (2003), S. 205ff

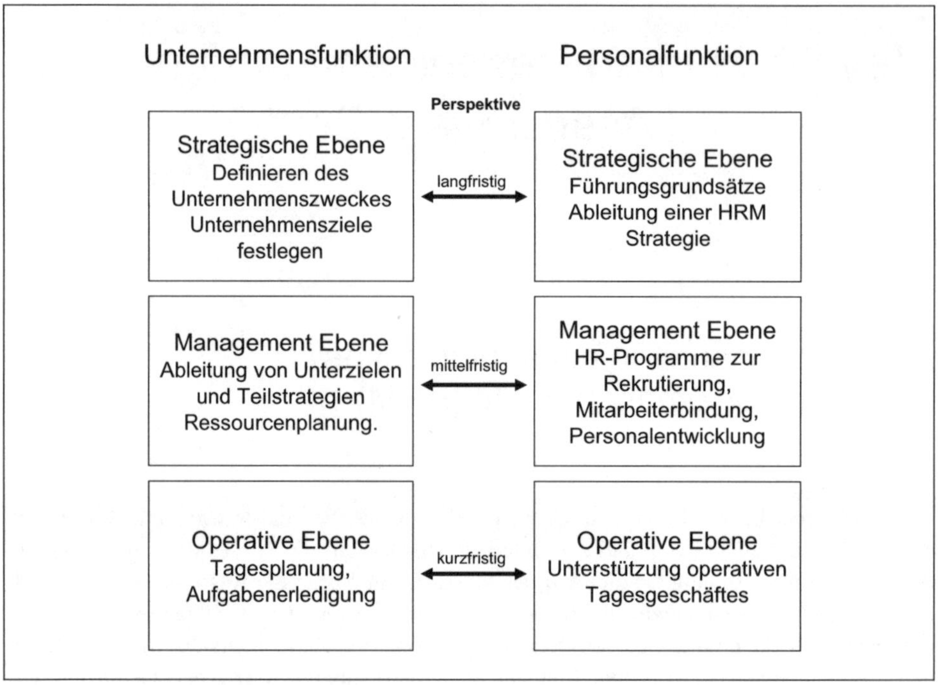

Abbildung 20: *Ableitung einer HRM-Strategie*

Das AC-Verfahren sowohl als Auswahl- als auch als Potenzialermittlungsinstrument sollte integrierender Bestandteil des strategischen Personalmanagements/HRM sein. Hierbei ist es ein Baustein, der als Bindeglied gezielt und anforderungsorientiert einzusetzen ist. Für ein Assessment Center gibt es Eingangsdaten, die die Auswahl dieses Instrumentes und seine Ausgestaltung bedingen, und es gibt Ausgangsdaten, die in weiterführende Instrumente einfließen. Assessment Center leisten ihren Beitrag in den folgenden Teildisziplinen des Personalwesens:

- Personalmarketing/Employer Branding
- Auswahlverfahren bei der Personalauswahl (intern/extern)
- Nachfolgeplanung/Karriereentwicklung
- Personalentwicklung
- Führungskultur
- Veränderungsmanagement

Die Einbindung kann verschiedene Zielrichtungen verfolgen:

- Als Erhebungsinstrument von Fähigkeiten für die Auswahl von Personen zur Besetzung von Funktionen und zur Übertragung von Projektleitungen und Sonderaufgaben.

- Als Erhebungsinstrument von Potenzialen zur Festlegung und Einleitung gezielter Qualifizierungsmaßnahmen (Schulungen, Coaching).
- Als Qualifizierungsinstrument für die Teilnehmer und Beobachter selbst.
- Als aktives Instrument zur Um- und Durchsetzung einer Feedback-Kultur und damit zur Veränderung von Führungsprozessen und der Unternehmenskultur.

1.1 Personalmarketing/Employer Branding

Im Rahmen einer Employer-Branding-Strategie ist das Vorhandensein eines Assessment Centers von hoher Bedeutung und ist unbedingt zu kommunizieren. Intern signalisiert es den Mitarbeiten Aufstiegsmöglichkeiten unabhängig von Netzwerken und subjektiven Faktoren. Diese werden aber auch von externen Interessenten wahrgenommen. Auf diese Weise wird die sonst so häufig genutzte Worthülse von den „Karrieremöglichkeiten der Mitarbeiter innerhalb des Unternehmens“ für den externen Betrachter sichtbar und nachprüfbar.

Das wird umso notwendiger, da im Jahr 2020 die 30- bis 44-Jährigen nur noch 35 Prozent der Bevölkerung in Deutschland stellen werden. Ein Rückgang vom derzeitigen Niveau um 6 Prozent.[84] Die Rekrutierung und Entwicklung von Nachwuchs aus den eigenen Reihen vor dem Hintergrund eines schrumpfenden Arbeitskräfteangebotes stellt somit eine besondere Herausforderung für Unternehmen dar. Diese muss ohne Qualitätsverlust erfolgen. Daher sind im Rahmen einer Employer-Branding-Strategie die Vorzüge der Organisation, die Employer Value Proposition/EVP, zu entwickeln und in den Vordergrund zu stellen, um Talente zu gewinnen.[85]

Extern hat ein Assessment Center eine weitere Bedeutung. Es signalisiert, dass „Leistung“ im Sinne der Erfüllung definierter Anforderungen bei der Personalauswahl zählt. Wenn Sie auf hohem Niveau „spielen“ wollen, und „High-Potentials“ ansprechen wollen, müssen Sie durch die Wahl Ihrer Selektionsverfahren, Exklusivität und höchstes Niveau signalisieren. Auswahlentscheidungen werden auch für den Kandidaten nachvollziehbar. Dies ist eine Grundvoraussetzung dafür, dass Auswahlentscheidungen akzeptiert werden. Der häufigste Fehler, der bei der Durchführung von Assessment Centern zur Personalauswahl gemacht wird, ist, dass keine Rückmeldungen über die Beobachtungen und Ergebnisse an die Teilnehmer erfolgen, was zur Abneigung der Bewerber gegenüber Assessment Centern führt. Den Kandidaten wird zudem jede Chance genommen, für sich selber eine Basis zu erhalten, um aus gezeigtem Verhalten zu lernen. Lernen ist nicht damit zu verwechseln, dass die Kandidaten besser schauspielern können.

Bei Rückmeldungen an externe Kandidaten von Auswahl-ACs ist Vorsicht geboten. Hier dürfen Sie den Kandidaten keine Ansätze für eine Klage nach dem AGG geben. Die Entwicklung der Rechtsprechung hat dazu geführt, dass Unternehmen eher auf eine Rückmeldung

---

84 www.karriere.de, 5. September 2008, Nr. 173

85 Entwicklung einer EVP, siehe Schuhmacher F./Geschwill R. (2009)

verzichten, als sich der Gefahr einer Klage durch eine unbeabsichtigte Äußerung auszusetzen. Ob dies wirklich dem Schutz der Bewerber und der Gleichbehandlung dient, ist fraglich. Jede Rückmeldung über die Gründe einer Nicht-Auswahl stellt eine Gratwanderung dar. Dabei sollten sie folgende Punkte beachten:

- Die Rückmeldung sollte nur zentral von der Personalabteilung gegeben werden.
- Auch sollte keine schriftliche Auswertung erfolgen.
- Die Rückmeldung sollte unbedingt persönlich unter vier Augen erfolgen.
- Die Rückmeldung ist streng auf Beobachtungen zu stützen und nur auf den Vergleich von Stellenanforderungen und beobachtetem Verhalten zu beziehen.

Bei allem Risiko sollte der „Werbeaspekt" von Rückmeldungen nicht unterschätzt werden. Dies ist nicht zuletzt auch eine Frage von konsistentem Verhalten. Mitarbeiter sind genauso zu behandeln wie potenzielle Mitarbeiter. Beiden ist die gleiche Achtung im Umgang entgegenzubringen. Dann wirkt eine Unternehmung im Auftreten authentisch und glaubwürdig.

Im Sinne einer Mitarbeiterbindungsstrategie erhöhen Assessment Center die Bindung der Mitarbeiter an das Unternehmen und erhöhen die Attraktivität für und damit die Bindungsbereitschaft von potentiellen Mitarbeitern.

Aber auch bei eigenen Mitarbeitern gelten die gleichen Vorschriften des Arbeitsrechts bezüglich der Personalauswahl. Hierzu sind Mitbestimmung, Mobbing sowie Gender- und Diversity-Management nur einige Stichworte.

1.2 Methoden der Personalauswahl (intern/extern)

Je nach der Zielgruppe ist ein adäquates Auswahlverfahren zu wählen. Dieses muss Kosten/Nutzen-Gesichtspunkten genügen, sollte geeignet sein, eine Unterstützung bei den anstehenden Entscheidungen zu leisten und zudem noch Akzeptanz bei den beteiligten Personen zu finden. Der wichtigste Aspekt ist jedoch: Es muss eine hohe Prognosegüte haben und für Entscheidungen eine belastbare Basis liefern. In einem Auswahlprozess sind die einzelnen Auswahl- oder Selektionsverfahren aufeinander abzustimmen. Diese wirken in der Regel wie ein immer feiner werdender Filter. Der Detaillierungsgrad des Filters wird durch die Anzahl und die Art der Auswahlinstrumente bestimmt. Gerade durch die Beteiligung von Beobachtern aus verschiedenen Bereichen treten persönliche Aspekte bei der Entscheidung in den Hintergrund, und bei der Entscheidung wird eine höhere Neutralität gewahrt. Die unterschiedlichen Sichtweisen und Einschätzungen der Beobachter erhöhen die Vielschichtigkeit, mit der Entscheidungen getroffen werden können.[86]

86 Durnwalder, K. (Hrsg.) (2001), S. 31

Auswahlverfahren sind anforderungsgerecht, sprich stellenspezifisch, aufzubauen. Sie müssen die Aussagen über die Eigenschaften ermöglichen, die für die Aufgabenerfüllung von Wichtigkeit sind. Vor der Durchführung ist daher im Rahmen einer Anforderungsanalyse eine Stellen- bzw. Funktionsbeschreibung zu erstellen und zu verifizieren. In der Diskussion über Anforderungen und bei der Erarbeitung der Übungen über die Critical-Incident-Methode verändern sich durchaus Schwerpunkte von Funktionen. Diese müssen wiederum in die Organisations- und Prozessbeschreibungen einfließen. Aufgrund der intensiven Diskussion im Vorfeld eines Assessment Centers bietet sich hier eine große Chance für ein Audit von Teilaspekten der Organisation. Im Gegensatz dazu werden bei anderen Methoden gegebene Beschreibungen eher ungefärbt übernommen. Unter dem Gesichtspunkt eines Risikomanagements ist ein Assessment Center die beste Form, um mit Auswahlentscheidungen verbundenes Risiko für Sie beherrschbar zu machen.

1.3 Nachfolgeplanung/Karriereentwicklung

Im Rahmen einer Nachfolgeplanung, bei der ein Bedarf des Unternehmens an Funktionsnachfolgern auf höheren Hierarchieebenen gegeben ist, kann ein Potenzial-AC eingesetzt werden, um Kandidaten zu identifizieren. Hier kann ermittelt werden, welcher Qualifizierungsaufwand (quantitativ und qualitativ) bei welchen Personen in welchem Zeitraum erforderlich ist. Ferner kann dabei auch klar festgestellt werden, ob und in welche Richtung sich mögliche Nachfolgekandidaten entwickeln möchten. Frühzeitig ist es somit möglich, bei sonst stabilen Rahmenbedingungen eine Aussage darüber zu erhalten, ob die interne Personalreserve und deren Entwicklungspotenzial ausreichen, quantitativ, qualitativ und zeitlich den Bedarf des Unternehmens zu decken. Geeignete Förderpläne können aufgesetzt und durchgeführt werden. In der Regel ist nach einem Zeitablauf von ca. zwei Jahren ein erneutes Assessment Center zur Positionsbestimmung durchzuführen.

Bei der Karriereentwicklung ist der Mitarbeiter der Ausgangspunkt. Hier sind Assessment Center immer wieder Meilensteine, um zu prüfen, inwieweit noch weiteres Entwicklungspotenzial für eine nächste Entwicklungsstufe vorhanden bzw. wieder ausgeprägt ist oder eben nicht. Wichtig ist die offene Kommunikation mit den Betroffenen über mögliche Entwicklungsschritte. Dabei kann die Diskussion auf eine sachlichere Basis gestellt werden. Kein sogenannter „High-Potential“ wird von sich aus eingestehen, dass er nun nach dem Durchlaufen einiger Karriereschritte (vorerst) am Ende seiner Entwicklung angekommen ist. Dies ist nur vor dem Hintergrund fundierter Argumente vermittelbar. Sofern sich nicht bereits für den Mitarbeiter, aber auch für das Unternehmen schmerzliche Misserfolge eingestellt haben, die den Entwicklungsstand offensichtlich machen, wird es ansonsten schwierig, hier eine echte Einsicht und Zustimmung zu erzielen.

Wie unterentwickelt das Thema „Interne Karriereentwicklung" ist, zeigt eine aktuelle Studie von PricewaterhouseCoopers.[87] Demnach fühlen sich nur ein Drittel aller befragten Unternehmen gut bis sehr gut auf die aus Gründen der steigenden Altersstruktur resultierenden Kapazitäts- und Produktivitätsrisiken vorbereitet. Das in der aktuellen Belegschaft steckende Potenzial steht bei der Lösung dieser Herausforderungen noch zu wenig im Fokus. In der Regel stehen zwar Qualifizierungsprogramme jedem Mitarbeiter gleich welchen Alters offen, die Praxis zeichnet jedoch ein völlig anderes Bild von der Inanspruchnahme. Gleiches gilt für Karriere. Stamov Rossnagel von der Universität Bremen sieht die eigentlichen Gründe hierfür nicht in der nachlassenden Lernfähigkeit, sondern ausschließlich in der geringer ausgeprägten Lernkompetenz älterer Mitarbeiter. Deren Ausprägungsgrad ist jedoch in einem Entwicklungs-AC gut abprüfbar und auch entsprechend entwickelbar.

1.4 Personalentwicklung

Zur Personalentwicklung ergeben sich in erster Linie Verknüpfungen bei der Durchführung von Potenzial-ACs. Eine Verknüpfung ist offensichtlich: Ergebnisse aus dem Assessment Center fließen in die Personalentwicklung ein. Dies erfolgt auf individueller Ebene aufgrund der Ergebnisse und der Festlegungen in den Auswertungsgesprächen. Die Personalentwicklung muss für die in dem Feedback-Gespräch festgelegten Handlungsfelder konkrete Lösungswege finden und über Umsetzungsformen entscheiden. Hierbei kommt der Personalentwicklung eine Beratungsrolle über die Art und Weise der Qualifizierung zu.

Ein weiterer Aspekt bei der Verknüpfung zur Personalentwicklung zielt auf die Beobachter ab. Bei der Auswahl der Beobachter können auch Lernaspekte für diese eine Rolle gespielt haben. Für sie war die Teilnahme an einem Assessment Center eine Qualifizierungsmaßnahme an sich. Diese ist auszuwerten.

Schon alleine die Teilnahme an einem Assessment Center hat für die Teilnehmer einen Qualifizierungscharakter, insbesondere bei ausgeprägter Fähigkeit zur Selbstreflexion der Teilnehmer. Eine Trennung zwischen den Lernerfolgen durch die Teilnahme an einem Assessment Center und den anschließenden Qualifizierungen vornehmen zu wollen, ist schwierig. Auf alle Fälle sollte jedoch mit zeitlichem Abstand von ca. zwei Jahren eine Überprüfung der Fähigkeiten der Teilnehmer in einem Evaluierungs-AC stattfinden.

Im Bereich der Auswahl-ACs bilden die Ergebnisse eine gute Eingangsgröße, um die ausgewählten Kandidaten gezielter mit flankierenden Maßnahmen in das Unternehmen zu integrieren.

87 www.karriere.de, 5. September 2008, Nr. 173

Zwei Instrumente der Personalentwicklung sind insbesondere hervorzuheben, da sich für diese im Rahmen eines Assessment Centers ein perfekter Einstieg bietet:

- **Coaching:** Coaching sollte immer zielorientiert und problemorientiert erfolgen. Handlungsfelder und Problemstellungen werden im Rahmen eines Assessment Centers transparent und nachvollziehbar. Für die Teilnehmer beginnt der Einstieg in den Coaching-Prozess mit dem Feedback-Gespräch durch einen Beobachter. Dieser ist auch in der Folgezeit zur Unterstützung des Kandidaten ansprechbar. Gemeinsam können sie die Lernerfolge im Nachgang eines Assessment Centers reflektieren. Für die Beobachter beginnt das Coaching mit dem Rückmeldegespräch durch den Moderator. Die dort diskutierten Handlungsfelder, die insbesondere Bewertungs- und Führungssituationen betreffen, können auch im Nachgang des Assessment Centers Führungsalltag durch Coaching unterstützt werden. Es gibt zwei wesentliche Vorteile für die Nutzung der AC-Ergebnisse für den Einstieg in ein Coaching. Erstens sind die Handlungsfelder klar definiert. Dies gilt zumindest für die Handlungsfelder, die sich auf das berufliche Umfeld konzentrieren. Zweitens ist ein Problembewusstsein bei den Kandidaten vorhanden. Der oftmals lange Weg, insbesondere Wahrnehmungsblockaden beim Erkennen der Notwendigkeit von Veränderung zu beseitigen, entfällt. Es kann sofort „in medias res" gegangen werden.

- **Supervision:** Für die Beobachter findet eine Supervision schon während der Beobachterkonferenzen statt. Aufgrund der engen Zusammenarbeit können die Beobachter auch nach Abschluss des Assessment Centers in regelmäßigen Abständen zusammenkommen, um Führungssituationen zu diskutieren und zu reflektieren. Für die Teilnehmer kann die Bildung einer Supervisionsgruppe als gemeinsame Lerngruppe für die in den Feedback-Gesprächen vereinbarten Qualifizierungen sinnvoll sein.

1.5 Personalentwicklungs-Controlling

Personalentwicklungs-Controlling[88] spielt sich in einer Dreiecksbeziehung zwischen der Personalentwicklung, dem Mitarbeiter und dem Vorgesetzten ab. Hierbei ist die Personalentwicklung Dienstleister bei der Umsetzung und Planung. Die Vereinbarungen über Qualifizierungsmaßnahmen werden zwischen dem Vorgesetzten und dem Mitarbeiter getroffen. Dieses Zusammenwirken ist in Abbildung 21 dargestellt.

Controlling-Maßnahmen, die Qualifizierungsmaßnahmen hinsichtlich ihrer Güte und ihres Erfolges auswerten, können zu unterschiedlichen Zeitpunkten ansetzen:

- nach Abschluss der Maßnahme,
- während der Maßnahme,
- im Vorfeld der Maßnahme.

---

88 Schwuchow, K. (Hrsg.) (1996), S. 168-171

Die beiden erstgenannten Ansätze haben eine Kontrollfunktion und sind somit rein operativer Natur. Sie ermitteln den Lerntransfer und die Güte der Informationsvermittlung. Der letzte Ansatz ist ein strategischer Ansatz. Im Rahmen einer Qualifizierungsvereinbarung werden dezidiert Notwendigkeit, Ziel und Inhalt von Handlungsfeldern diskutiert. Erst wenn Einigkeit über einen Qualifizierungsbedarf besteht, wird über die Art und Weise der Umsetzung geredet. Hierbei hat die Personalentwicklung eine Beratungsfunktion inne. Abweichungen von dem angestrebten Ergebnis fließen im Sinne einer Rückkopplungsschleife wieder in den Vereinbarungsprozess für weitere Qualifizierungen ein. Die Auswertung erfolgt zwischen Vorgesetzten und Mitarbeitern.

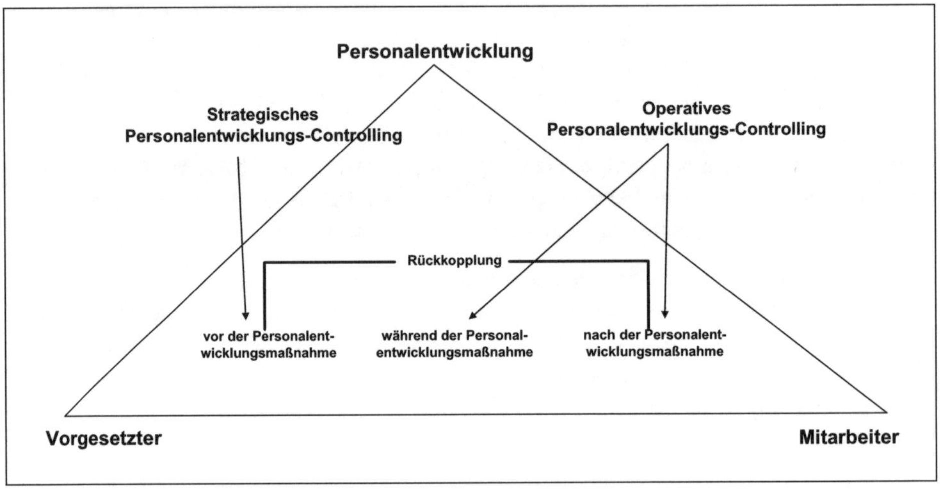

Abbildung 21: *Strategisches Personalentwicklungs-Controlling*

Sofern der Vorgesetzte nicht auch Beobachter ist, ist er nicht umfassend eingebunden. Erst nach Abschluss des Assessment Centers ist er gefordert. Das Assessment Center ersetzt hierbei die Ermittlung und Festlegung des Qualifizierungsbedarfes.

1.6 Führungskultur

Ein Potenzial-AC ist das beste Signal in das Unternehmen, dass es einen offenen Dialog über Hierarchieebenen hinweg gibt. Dies ergibt sich aus folgenden Tatsachen:

- Es wird glaubhaft vermittelt, dass es nicht um gut oder schlecht geht, sondern darum, welche Unterstützung eine Person benötigt, um sich noch erfolgreicher im Sinne der Ziele in ein Unternehmen einzubringen.

- Es findet ein konstruktiver Umgang mit „Fehlern“ oder „Defiziten“ statt.
- Die Beobachter, gleichzeitig auch Führungskräfte des Unternehmens, werden für die Rückmeldung in die Pflicht genommen.
- Die Beobachter werden ebenfalls bei der Betreuung der weiteren Entwicklung der Teilnehmer in die Pflicht genommen. Der Gedanke von der Führungskraft als Coach wird gelebt.
- Durch die Teilnahme sind die Beobachter in ihrer Wahrnehmung und in ihrem Verhalten sensibilisiert. Der Raum für Führungskräfte und auch Mitarbeiter, die anderweitiges (im Sinne der definierten Führungskultur unangepasstes) Verhalten zeigen, wird enger.
- Die Akzeptanz für andere Instrumente, bei denen Beurteilung und Rückmeldung eine zentrale Rolle spielen, wächst. Aufgrund der Lerneffekte wird hiermit professioneller und natürlicher umgegangen.

1.7 Veränderungsmanagement/Change Management

Gerade in besonders kritischen Situationen einer Unternehmensentwicklung können Assessment Center zur Objektivierung, Messung und Entwicklung eingesetzt werden. In Phasen starker personeller Veränderung wie z. B. bei Fusionen oder Personalanpassungen, bei denen insbesondere Schlüsselfunktionen neu zu besetzen sind, ist der Einsatz von AC-Verfahren sinnvoll. Diese sollten dann aber mehrheitlich von externen Beobachtern durchgeführt werden. Bei der zweiten Hierarchieebene ist es sinnvoll, die Unternehmensführung mit in den Prozess einzubinden. Natürlich sind intern durchgeführte Auswahlverfahren zur Stellenbesetzung immer kritisch, da es Gewinner, aber auch Verlierer gibt. Daher ist es umso wichtiger, den Prozess transparent zu gestalten, die Entscheidungskriterien offenzulegen und die Entscheidungen persönlich zu kommunizieren.[89] Gewinner und Verlierer gibt es ohne Zweifel. Je nachvollziehbarer Entscheidungen sind, desto eher herrscht hierfür in der Organisation und bei den Betroffenen Akzeptanz. Dem Fusionen sonst vorherrschenden Gefühl der Aufspaltung der Belegschaft in Sieger und Besiegte kann damit vorgebeugt werden.

Mit dem Einsatz von Assessment Centern formen Sie bei den Beteiligten ein Verständnis von Führungskultur. Hierdurch ergeben sich auch Rückwirkungen auf den täglichen Führungsprozess, in dem letztendlich die einzelnen Führungskräfte die Träger der Veränderungsprozesse sind. Sind die „neuen“ Maßstäbe und Anforderungen im Rahmen der AC-Planung diskutiert und im Untenehmen akzeptiert, haben diese einen hohen verbindlichen Charakter. Sie bieten Orientierung, Rückendeckung und Bestärkung, nach diesem definierten Profil zu handeln. Das gemeinsame Entwickeln eines Verständnisses für zukünftige Anforderungen ist der erste Schritt zur Umsetzung einer neuen Managementkultur.

---

89 Durnwalder, K. (Hrsg.) (2001), S. 43

2. Internationale und multikulturelle Aspekte

Aufgrund der zunehmenden Verzahnung von Unternehmen im Globalisierungsprozess rücken internationale und multikulturelle Aspekte bei Assessment Centern in den Mittelpunkt. Hier existieren drei Anwendungsgebiete:

- **Auswahl-AC für Expatriates:** Mitarbeiter werden bezüglich ihrer Eignung für Auslandseinsätze ausgewählt. Hierbei soll ein Mitarbeiter von einer Landesorganisation in eine andere Landesorganisation transferiert werden. In der Regel handelt es sich bei den zu besetzenden Funktionen um Schlüsselfunktionen. Selbst bei anscheinend geringen Unterschieden kultureller und gesellschaftlicher Normen und Wertvorstellungen, wie z. B. im europäischen Umfeld, können bereits erhebliche Konflikte im betrieblichen Alltag auftreten. Bei Transfers in asiatische, südamerikanische oder afrikanische Länder ist dies offensichtlich.

- **Interkulturelles AC:** Es ist erkennbar, dass innerhalb eines Unternehmens standortabhängig, ja sogar hierarchie-, funktions- und auch abteilungsspezifisch unterschiedliche Vorstellungen von Zusammenarbeit und Führung existieren (Partikularismus). Zusätzlich werden internationale Aspekte in der Weise importiert, als dass es zunehmend auch Mitarbeiter mit Migrationshintergrund in den Landesgesellschaften gibt. Außerdem werden für die Lösung spezieller Aufgaben verstärkt Projektorganisationen eingesetzt. Die Zusammenstellung und Zusammenarbeit dieser Teams werden verbessert. Wo auf der Ebene der klassischen Linienorganisation in der Regel mit Teambildungsworkshops gearbeitet wird, stellt das interkulturelle AC das Gegenstück bei der Bildung nicht homogener Projektteams dar. Der Schwerpunkt liegt hier nicht auf einer Auswahl, sondern auf dem Aspekt einer erfolgreichen Teamentwicklung.

- **Internationales AC:** Diese dienen der Zusammenstellung internationaler Teams. Das Konfliktpotenzial unterschiedlichen Führungsverhaltens durch interkulturelle Aspekte wird bei der Zusammenstellung internationaler Teams noch potenziert. Obwohl bereits durch das Employer Branding und die praktizierten Rekrutierungsmethoden eines Unternehmens ein Selektionsprozess stattfindet, können Personen ihre während ihrer Sozialisation erworbenen Werthaltungen und Verhaltensweisen nicht völlig ablegen oder gar umprogrammieren. Während bei der Versendung eines Mitarbeiters ins Ausland nur zwei grundsätzlich verschiedene Wertesysteme aufeinandertreffen, können hier so viele Wertesysteme aufeinander treffen, wie das Team Mitglieder hat.

Bisher wurde generell von Unterschieden sowie Werthaltungen und Verhaltensweisen gesprochen. Doch wodurch zeigen sich diese im Detail?

Differenzen können schon aus der Kommunikation heraus entstehen. Diese drücken sich aus in:

- einer unterschiedlichen Bedeutung von Begrifflichkeiten. Aufgrund sprachlicher Unterschiede (Übersetzungen) entstehen Kommunikationsschwierigkeiten.
- einer unterschiedlichen Belegung von Begrifflichkeiten. Auch dies ist letztendlich ein Sprachproblem. Aufgrund der relativen Unkenntnis der jeweils anderen Sprache wird im Rahmen der Übersetzung so manche Begrifflichkeit in einem falschen Kontext genutzt, was zu Irritationen führen kann.
- der unterschiedlichen Art und Weise der Gestik und Mimik sowie des Distanzverhaltens, welches mit unterschiedlichen Bedeutungen belegt ist. Die sogenannte Etikette im Umgang miteinander ist bereits für viele ein Stolperstein geworden. Ohne böse Absicht und auch völlig unbewusst wird hier Konfliktpotenzial erzeugt.

Gravierender sind jedoch die Unterschiede in den Erwartungen, die nur zum Teil explizit an die jeweils anderen Personen gestellt werden. Diese lassen sich in fünf Kulturdimensionen beschreiben:[90]

1. Der **Power Distance Index/PDI** kennzeichnet die Erwartung und die Akzeptanz der Machtverteilung innerhalb einer Gesellschaft. Dies drückt sich z. B. in der Art und Weise aus, wie Entscheidungsfindungsprozesse verlaufen (von demokratisch bis hierarchisch), dem Respekt von Mitarbeitern vor hierarchischer Autorität (Zustimmung, Widerspruch) sowie bevorzugten Führungsstilen und Managementmethoden (autoritärer versus kooperativer Führungsstil.
2. Der **Individualism Index/IDV** gibt die Qualität und Stärke der zwischenmenschlichen Bindungen innerhalb einer Gesellschaft an. Diese reichen von kollektiven Wir-Gesellschaften bis zu Gesellschaftskonzepten, in denen jeder in erster Linie für sich selber zu sorgen hat, bevor er Hilfe von der Gesellschaft erhoffen kann.
3. Der **Masculinity Index/MAS** gibt an, wie in einer Gesellschaft mit den Themen Selbstdarstellung, Behauptung der eigenen Person und Konkurrenzdenken umgegangen wird. Maskuline Unternehmenskulturen sind durch Selbstdarstellung, Konkurrenz und offenen Kampf geprägt, während feminine Unternehmenskulturen den Dialog und die Intrige bevorzugen, Personalentwicklungsprozesse betonen und Win-Win-Situationen anstreben.
4. Unter dem **Uncertainty Avoidance Index/UAI** versteht Hofstede den „Grad, in dem Mitglieder einer Kultur sich durch ungewisse und unbekannte Situationen bedroht fühlen." Dies drückt sich aus durch Neigung oder Abneigung von Regelorientierung, Beschäftigungsstabilität und Stress am Arbeitsplatz. In Gesellschaften mit einem hohen UAI streben die Mitglieder Regularien an, die die Entscheidungsunsicherheit minimieren. Präzision, Einhaltung hoher Qualitätsstandards, Pünktlichkeit und Verbindlichkeit sind die Schlagwörter hierfür. In Gesellschaften mit einem niedrigeren UAI wird sehr flexibel auf Veränderungen reagiert und eine innovative, prozessorientierte Problemlösung angestrebt. Regeln für Entscheidungsfindungsprozesse sind nachrangig.

---

90 Hofstede, G. (2006)

5. Der **Longterm Orientation Index/LTO** wurde als fünfter Faktor nach ergänzenden Untersuchungen in asiatischen Kulturraum, insbesondere China, hinzugefügt. Hofstede nennt für eine „langfristige Orientierung" die konfuzianischen Werte wie „Ausdauer (Beharrlichkeit)", „Ordnung der Beziehung nach dem Status", „Einhaltung dieser Ordnung", „Sparsamkeit" und „Schamgefühl" als besonders bezeichnend. Bezüglich „kurzfristiger Orientierung" führt er die konfuzianischen Werte wie „persönliche Standhaftigkeit und Festigkeit", „Wahrung des Gesichtes", „Respekt vor der Tradition" und „Erwiderung von Gruß, Gefälligkeiten und Geschenken" an.

Die **USA** gelten als das Land des Individualismus schlechthin. Dies hat entsprechende Auswirkungen auf das Verhalten von Personen in Organisationen und damit auch auf den Führungsstil in Unternehmen. Dort wird insbesondere durch Zielvereinbarungen geführt. Individuelle leistungsorientierte Vergütungssysteme und die Übernahme der Verantwortung für das eigene Handeln sind in diesem Umfeld stark ausgeprägt.

In **Russland** oder der **Slowakei** spielt Machtdistanz eine wichtige Rolle, ein partizipativer Führungsstil wird als Schwäche ausgelegt.

Skandinavische Kulturen sind hingegen durch geringe Machtdistanz und einen geringen UAI gekennzeichnet. Konkurrenzrituale in Führungsetagen, narzisstische Präsentationen oder ein ängstliches Umgehen mit Zukunftsfragen sind dort eher unbekannt.

In Abbildung 22 sind die Ausprägungsgrade der dargestellten Indizes für drei ausgewählte Länder angegeben.

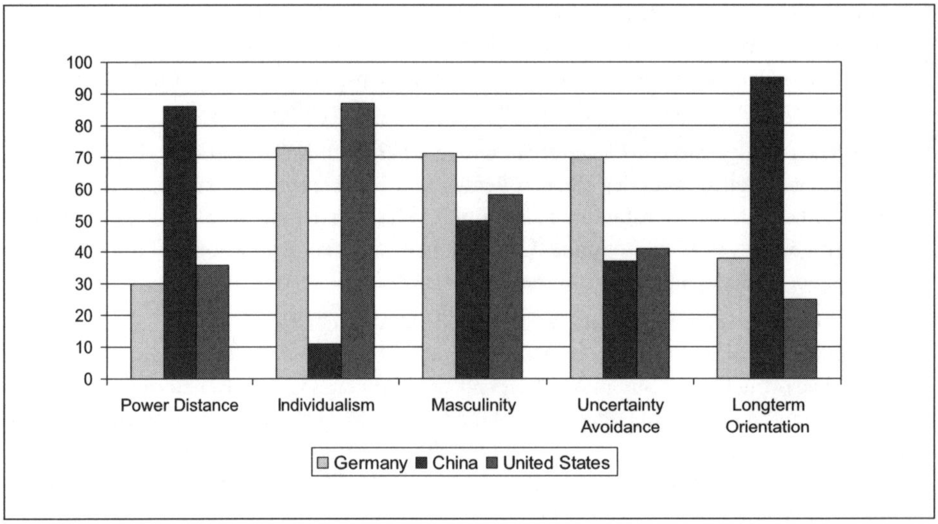

Abbildung 22: *Kulturdimensionen im Vergleich*[91]

91 www.geert.hofstede.com

Was bedeutet das für die Entwicklung von Assessment Centern? Interkulturelle und internationale Aspekte bei der Erbringung der Wertschöpfung in einem Unternehmen werden zukünftig zunehmend zu berücksichtigen sein. Dies betrifft nicht nur Großkonzerne, sondern auch Mittelständler,

- die in einem internationalen Wettbewerb stehen und ihre Produkte weltweit oder zumindest länderübergreifend vertreiben,
- die ein globales Sourcing haben,
- die aufgrund der zunehmenden Migration ausländische Mitarbeiter (erste Generation) oder Mitarbeiter mit einem anderen Migrationshintergrund (zweite Generation) integrieren.

Darauf zu bauen, dass sich diese aus den unterschiedlichen kulturellen Prägungen resultierenden Verhaltensweisen und Erwartungshaltungen harmonisieren werden, wäre ein Trugschluss. Die Anforderungen an **Diversity Management, Queer Management** und **Gender Policy** werden eher noch zunehmen. Diese stellen erhöhte Anforderungen gerade an die Funktionsträger, die insbesondere mit der AC-Methode selektiert und entwickelt werden. Als Konsequenz dieser Entwicklung sind die oben geschilderten Aspekte in das Anforderungsprofil von Funktionen aufzunehmen. Interkulturelle Kompetenz und Diversity Management sind neue Herausforderungen für jeden Manager. Zusätzlich hierzu sind noch die auf der Basis des AGG 2006 beruhenden europäischen Gleichbehandlungsrechte von Minderheiten (Nicht-Diskriminierung) zu nennen.

Bei der Erarbeitung von Assessment Centern für eine internationale und damit unweigerlich auch multikulturelle Anwendung ist sehr genau im Vorfeld zu analysieren, welche kulturellen Gegebenheiten dort vertreten sein werden. Die Analyse betrifft sowohl die Teilnehmerseite als auch die Beobachter. Denn gezeigtes Verhalten wird immer vor dem eigenen kulturellen Hintergrund aufgenommen und bewertet. In Tabelle 36 sind Ziel und Inhalt der drei grundsätzlichen Richtungen angegeben.[92]

Tabelle 36: *Formen interkultureller Assessment Center*

Zielrichtung	Bemerkung
AC für Expatriates	■ Ziel ist die Prüfung der Eignung für die zu besetzende Funktion, unter Berücksichtigung der entsprechenden Kultur(en) in dem Entsendungsland ■ Systematisches kulturelles Assessment Center/die Eignung auf die konkrete Funktion wird geprüft, es besteht ein konkreter Kontext ■ Wird als Einzel-AC durchgeführt ■ Ist ein Instrument, um die Eignung festzustellen ■ Insbesondere ist bei der Auswahl das familiäre Umfeld zu betrachten. Hieran scheitert der größte Teil der Entsendungen. Nach einer Studie des ECA International aus dem Jahr

92 Obermann, C. (2002), S. 322

Zielrichtung	Bemerkung
	2007 machen die Probleme der Integration der Familien 41 Prozent aus, noch vor der mangelnden Eignung der Expatriats mit 31 Prozent. Die Lösung wäre die Einbeziehung der Familie in den AC-Ablauf.
Interkulturelles AC	■ Ziel ist die Auswahl oder die Potenzialermittlung von Kandidaten aus einem Land mit hohen interkulturellen Fähigkeiten ■ Punktuelles interkulturelles Assessment Center/die generelle Eignung, sich in kulturell unterschiedlichen Kontexten zu bewegen, wird geprüft, es besteht kein konkreter Kontext ■ Neben den herkömmlichen Kompetenzbereichen werden folgende Kompetenzen ermittelt: Ambiguitätstoleranz, emotionale Stabilität, Einfühlungsvermögen, Polyzentrismus. Diese bilden keine eigenständige Kompetenz zu den bisher dargestellten Kompetenzen, sondern einen Bezugsrahmen. Es wird die Fähigkeit ermittelt, die eigenen Kompetenzen in anderen kulturellen Umfeldern erfolgreich einzusetzen[93] ■ Kann als Einzel-AC oder Gruppen-AC durchgeführt werden ■ Wird in der Landessprache durchgeführt ■ Prüft interkulturelle Fähigkeiten im Umgang mit Mitarbeitern mit Migrationshintergrund oder internationalen Partnern ■ Ist zumeist eingebettet in ein normales Assessment Center zur Auswahl- oder Potenzialermittlung
Internationales AC	■ Ziel ist die Auswahl oder die Potenzialermittlung von Kandidaten aus unterschiedlichen Ländern und den entsprechenden Kulturen ■ Grundlage für die Leistungs- und Verhaltensstandards in Bezug auf die Führungsphilosophie bilden in der Regel die Standards des Mutterkonzerns ■ Wird als Gruppen-AC durchgeführt ■ Auf einheitliches Sprachverständnis ist zu achten ■ Durchführung zumeist in Englisch ■ Ist ein Instrument, um entweder die Eignung für die Besetzung einer konkreten Stelle oder Projektfunktion zu prüfen oder das Entwicklungspotenzial für ein internationales Förderprogramm zu ermitteln

Im Rahmen des Global Leadership and Organizational Behavior Effectiveness Research Program (GLOBE), einem der umfassendsten Projekte im Bereich der kulturvergleichenden Studien, wurden über einen Zeitraum von zehn Jahren (1993 bis 2003) die kulturellen Unterschiede von Gesellschaften untersucht. Hierbei wurden weltweit Kulturkreise hinsichtlich ihrer Gleichartigkeit zusammengefasst. Von den befragten Unternehmen wird die interkulturelle Kompetenz wie nachfolgend bewertet:

93 Sarges, W. (Hrsg.) (2001), S. 214

Tabelle 37: Wichtigkeit interkultureller Kompetenz

Weltregion	Interkulturelle Kompetenz wichtig/sehr wichtig
1. Asien	90 %
2. Islamische Länder	90 %
3. Schwarzafrika	60 %
4. Ehemaliger Ostblock	60 %
5. Lateinamerika	55 %
6. EU, USA, Australien	38 %

Umso erstaunlicher sind die Ergebnisse der ECA-Studie unter der Überschrift: „Unternehmen setzen mehr denn je auf Mobilität und Mitarbeiterentsendungen" von Februar 2007. In der alle zwei Jahre durchgeführten Untersuchung wurden weltweit ca. 270 Unternehmen bezüglich des Themas Mitarbeiterentsendung befragt. Nur 22 Prozent aller befragten Unternehmen gaben an, die Auslandskandidaten unter anderen auch nach nichtfachlichen Fähigkeiten, sogenannten Soft Skills, auszuwählen. Lediglich 3 Prozent nahmen familiäre Aspekte der Auslandskandidaten mit in die Entscheidungssituation auf. Im Durchschnitt bereiten nur 16 Prozent der Unternehmen ihre Mitarbeiter gezielt auf ihren Auslandseinsatz vor. Unternehmen gehen hierbei ein nicht unerhebliches Risiko ein. Die Anwendung von Assessment Centern würde diese Risiken beherrschbar machen. An dieser Stelle besteht ein erheblicher Nachholbedarf.

3. Handlungsempfehlungen für die Praxis

Das Assessment Center ist kein Allheilmittel. Der Einsatz muss anforderungsorientiert und dosiert erfolgen. In der Praxis ist daher die Frage zu stellen: Wann ist der Anwendung eines Assessment Centers gegenüber anderen Verfahren der Vorzug zu geben?

Für Auswahlprozesse lautet die Antwort:

- Immer dann, wenn es sich bei der betreffenden Stelle um eine Schlüsselfunktion handelt, bei der die Themen **Ability** (Können), **Engagement** (Wollen), **Aspiration** (Tun) und **Selbstreflexionsfähigkeit** in hohem Maße erfolgskritisch bei der Wahrnehmung der mit der Funktion verbundenen Aufgaben sind. Dies ist insbesondere dann der Fall, wenn andere Mitarbeiter durch das Tun und Handeln des Stelleninhabers direkt beeinflusst werden (Führungsfunktion) oder es erheblichen gestalterischen Spielraum in der Ausgestaltung von Beziehungen innerhalb und außerhalb des Unternehmens (strategische Orientierung gepaart mit großem Handlungsrahmen/Managementfunktion) gibt.

- Immer dann, wenn verstärkt fachübergreifende Anforderungen die zu besetzende Stelle prägen.
- Immer dann, wenn die Funktion ein hohes Entwicklungspotenzial erfordert, da zum Zeitpunkt der Stellenbesetzung die mittelfristigen Anforderungen noch nicht sicher absehbar sind.
- Immer dann, wenn Auswahlentscheidungen in internationalen Kontexten getroffen werden.

Für Potenzialermittlungsprozesse lautet die Antwort:

- Da es sich bei einem Potenzial-AC um ein Vorselektionsinstrument im Rahmen einer Personalauswahl handelt, gelten die vier vorgenannten Gründe ebenso für das Potenzial-AC. Die Teilnahme an einem Potenzial-AC ist zwar noch nicht die Selektion per se, stellt jedoch einen Einstieg in einen Karrierepfad dar, bei dem es, zumindest bei positiver Entwicklung, mit hoher Wahrscheinlichkeit zu einer Verantwortungsübernahme auf einem nächst höheren Level kommen wird. Daher gelten dieselben Argumente wie bei einem Auswahl-AC.
- Wenn Sie gezielt Nachwuchskräfte auf Funktionen auf einer nächst höheren Verantwortungsstufe entwickeln wollen. Das Assessment Center hilft Ihnen, Ihre Ressourcen, Zeit und Geld, die Sie in Qualifizierungsmaßnahmen investieren, zielorientiert einzusetzen und dort zu investieren, wo diese den größtmöglichen Nutzen stiften können.

Da das Assessment Center als multimodales Verfahren sich anderer Verfahren bedient und diese kombiniert, ist es nur logisch, dass hierbei ein vielschichtigeres Ergebnis erzielt wird. Das AC-Verfahren bietet Ihnen die Chance, größtmögliche Sicherheit für Ihre Personalentscheidungen zu erhalten.

Sehen Sie das Assessment Center als notwendige Ergänzung zur Vorbereitung wichtiger Entscheidungen. Aufgrund der stringenten Vorgehensweise bei der Personaldiagnostik im Rahmen eines Assessment Centers erhalten Sie mit hoher Wahrscheinlichkeit valide Ergebnisse. Diese sind deutlich höher als bei anderen Verfahren, bei denen im Verlauf des Verfahrens auch gerne und leicht die einmal aufgestellten Kriterien über Bord geworfen werden, absichtlich oder unabsichtlich.

Abschließend ist festzuhalten, dass bei aller methodischen Sorgfalt und Überprüfung des qualitativen „Fits" für eine Funktion nach getroffenen Personalentscheidungen immer Menschen miteinander arbeiten müssen. Am Ende eines Auswahlprozesses geht es zusätzlich um die Frage, ob die Chemie zwischen den dann handelnden Personen stimmt. **Die Frage nach diesem „Fit" sollte jedoch immer die abschließende Kernfrage sein und nicht bereits während des Selektionsprozesses beantwortet werden.** Zu allen anforderungsspezifischen Eignungsvoraussetzungen, die erfüllt sein müssen, muss die „Chemie stimmig sein" und nicht umgekehrt: notwendige plus hinreichende Bedingung!

Sie sollten keine Bedenken vor dem Einsatz eines Assessment Centers in Ihrem Unternehmen haben. Das AC-Verfahren birgt kein Mysterium und ist nichts Mystisches. Im Gegenteil können Sie durch dieses Verfahren eine bisher nicht erreichte Transparenz in Ihren Personalentscheidungen erhalten. Eine Erfolgsgarantie bei Personalauswahlentscheidungen gibt es dennoch nicht. Durch die intensive ideologiegeprägte Diskussion zu diesem Thema ist zwar der Mythos geweckt worden, es könnten „wahre" Entscheidungen getroffen werden. Dieser Erwartung kann aber kein Assessment Center gerecht werden. Lässt man diesen Anspruch einmal beiseite und betrachtet den gesamten Prozessablauf eines Assessment Centers, so ist er die beste und umfangreichste Lösung zur Bestimmung von Eignung und Potenzial zur Personalauswahl und zur Einleitung von Fördermaßnahmen im Sinne eines Risikomanagements.

> „Es liegt auf der Hand, dass die aufgewendeten Suchkosten eine Funktion der erwarteten Überwachungsprobleme in der Beschäftigungsbeziehung, der Kosten einer Fehlbesetzung und des erwarteten Aufwands für das On the job Training des Neueingestellten sind."[94]

Deshalb kann abschließend nur die folgende Empfehlung ausgesprochen werden: Bei wichtigen Entscheidungen sollte die AC-Methode unbedingt in dem Portfolio der eingesetzten personaldiagnostischen Verfahren enthalten sein!

Epilog

Wir sind wieder bei Herrn Lang im Büro. Mit großem Interesse hat er die vorliegende Managementlektüre gelesen. Er hatte sich immer für einen sehr verantwortungsvollen und risikobewussten Manager gehalten. Ihm wird deutlich, dass das für alle Tätigkeitsfelder bis auf eines gilt: Personalentscheidungen. Das muss sich ändern!

Auf einem Notizzettel skizziert er einen Fünf-Punkte-Plan mit der Überschrift „Risikomanagement bei Personalentscheidungen", den er unbedingt am nächsten Morgen mit seinem Personalleiter besprechen muss:

94 Franzen, A./Freitag, M. (Hrsg.) (2007), S. 326

Einführung eines Risikomanagements bei Personalentscheidungen

1. Überprüfen der Personalstrategie auf Aussagen hinsichtlich Nachwuchsförderung/Karriereplanung, Leistungsbewertung, Fehler-, Feedback- und Lernkultur.
2. Beschreibung des Rekrutierungs- und Selektionsprozesses mit korrespondierenden Leistungs- und Qualitätskennziffern, mit dem Ziel der Professionalisierung wie bei anderen Investitionsentscheidungen.
3. Zusammenstellung und Beschreiben der im Unternehmen derzeit eingesetzten Personalauswahl- und Potenzialermittlungsverfahren und Bewertung deren Risikos.
4. Zusammenstellen und Beschreiben der im Unternehmen zukünftig einzusetzenden Personalauswahl- und Potenzialermittlungsverfahren sowie Festlegung, welches Verfahren für welche zu rekrutierende Personengruppe angewandt wird, unter Kosten-Nutzen-Gesichtspunkten
5. Intensive Diskussion mit den an Personalentscheidungen beteiligten Managern und auch mit dem Betriebsrat über die Vorgehensweise und Planung sowie Einleitung damit verbundener notwendiger Veränderungen der Führungskultur.

Zufrieden geht Herr Lang nach Hause.

Abbildungsverzeichnis

Tabellenverzeichnis

Literaturverzeichnis

ALDERING, C., Zur Bedeutung der Potentialanalyse für die Praxis. Was kann unter Potential verstanden werden, und wie lässt sich Potential einschätzen, messen und beurteilen?, in: Zeitschrift für Personalforschung, Jg. 20, 2006, Heft 2, S. 192-196

ARBEITSKREIS ASSESSMENT CENTER (Hrsg.), Assessment Center in der betrieblichen Praxis, 2. Auflage, Hamburg 1995

BMFB, Berufsbildungsbericht 1998, Kap. 5.3.6 Kompetenzentwicklung durch Planspieltraining, Berlin 1998

BREISIG, T., Personalbeurteilung, Mitarbeitergespräche und Zielvereinbarungen regeln und gestalten, 3. Auflage, Frankfurt am Main 2005

BREWER, M. B./HEWSTONE, M. (Hrsg.), Emotion and Motivation, Malden 2004

BRÖCKERMANN, R., Personalwirtschaft, Lehr- und Übungsbuch für Human Resource Management, 4. Auflage, Stuttgart 2007

CORPORATE LEADERSHIP COUNCIL, Bedington, T. u. a., Realizing the full potential of rising talent (Vol. I), Washington 2005

DURNWALDER, K. (Hrsg.), Assessment-Center, Leitfaden für Personalentwickler, München 2001

ETZEL, S./ETZEL, A. (Hrsg.), Managementdiagnostik in der Praxis, Aktuelle Themen und Projektbeispiele, Aachen 2005

FAY, E., Das Assessment-Center in der Praxis: Konzepte – Erfahrungen – Innovationen, Frankfurt am Main 2002

FELFE, J., Charisma, transformationale Führung und Commitment, Köln 2005

FISSENI, H.-J./PREUSSER, I., Assessment Center: eine Einführung in Theorie und Praxis, Göttingen 2007

FRANZEN, A./FREITAG, M. (Hrsg.), Sozialkapital, Grundlagen und Anwendungen, Wiesbaden 2007

GMÜR, M./THOMMEN, J.-P., Human Resource Management, Strategien und Instrumente für Führungskräfte und das Personalmanagement in 13 Bausteinen, 2. Auflage, Zürich 2007

HESSE, J./SCHRADER, H.-C., Assessment Center für Führungskräfte, Das erfolgreiche Trainingsprogramm, Frankfurt am Main 2007

HOFSTEDE, G., Lokales Denken, globales Handeln, 3. Auflage, München 2006

HORN, R., Probleme des interkulturellen Einsatzes von Fragebogen, Landau 2003

JESERICH, W., Mitarbeiter auswählen und fördern, München 1991

KANNING, U. P., Standards der Personaldiagnostik, Göttingen 2004

KANNING, U. P./PÖTTKER, J./GELERI, P., Assessment Center-Praxis in deutschen Großunternehmen: Ein Vergleich zwischen wissenschaftlichem Anspruch und Realität, in: Zeitschrift für Arbeits- und Organisationspsychologie, Jg. 51, 2007, Heft 4, S. 155-167

KLEBL, U., Effekte von Feedback-Interventionen in Development-Centern, München 2006

KLEEBAUR, C., Personalauswahl zwischen Anspruch und Wirklichkeit, Wissenschaftliche Personaldiagnostik vs. erfahrungsbasiert-intuitive Urteilsfindung, München 2007

KLEINMANN, M./STRAUSS, B. (Hrsg.), Potentialfeststellung und Personalentwicklung, Göttingen 1998

KLEINMANN, M., Assessment Center, Göttingen 2003

KLINK, D., Computergestützte Diagnostik, Göttingen 2002

KOMPA, A., Assessment Center, Bestandsaufnahme und Kritik, 6. Auflage, München 1999

LANCE, C. E./GEWIN, A. G./LIEVENS, F./CONWAY, J. M., Revised Estimates of Dimension and Exercise Variance Components, in: Assessment Center Postexercise Dimension Ratings, Journal of Applied Psychology, Jg. 89, 2004, S. 377-385

LANDERER, W./SCHULTE, M., Testen und getestet werden, Vorbereitung und Durchführung von Tests im Personalbereich, Berlin 2007

LOSERT, A, Die Perspektive des Queer Theory-Einflusses auf das Diversity Management, Vortrag im Rahmen des Wissenschaftlichen Vernetzungstreffens Gender und Diversitätsmanagement am 3. und 4. Mai 2007 an der Wirtschaftsuniversität Wien, Wien 2007

MOHSEN, F., Internetbasierte Lehr-/Lernmethoden, Franfurt am Main 2002

NEUBERGER, O., Führen und führen lassen, 6. Auflage, Stuttgart 2002

OBERMANN, C., Assessment Center: Entwicklung, Durchführung, Trends, 3. Auflage, Wiesbaden 2006

OBERWETTER C., Allgemeines Gleichbehandlungsgesetz (AGG). Kommentar. Verlag R. S. Schulz 2006

ORTH, C, Unternehmensplanspiele in der betriebswirtschaftlichen Aus- und Weiterbildung. Konzeption eines Planspiels mit variabler Modellkomplexität, Lohmar 1997

PASCHEN, M./WEIDEMANN, A./TRUCK, D./STÖWE, C., Assessment-Center professionell. Worauf es ankommt und wie Sie vorgehen, 2. Auflage, Göttingen 2005

POOLE, M. (Hrsg.), Human Resource Management, Critical Perspectives on Business and Management, Volume I-III, London 1999

PÜTTJER, C./SCHNIERDA, U., Trainingsmappe Assessment Center. Die besten Aufgaben – die besten Lösungen, München 2008

RAUEN, C. (Hrsg.), Coaching Tools, 2. Auflage, Bonn 2005

REHRL, M./HARTEIS, C./GRUBER, H., Potentialanalysen in der Personalentwicklung – Ein kritischer Diskurs, in: Zeitschrift für Personalforschung, Jg. 20, 2006, Heft 2, S. 185-191

REINHARDT, R., Zur Reliabilität und Validität von Personalvorauswahl, Aachen 2006

RODA-LEGER, P., Entwicklung eines Testverfahrens zur Potenzialanalyse in der Führungskräfteentwicklung, 2. Auflage, Landau 2003

SARGES, W. (Hrsg.), Weiterentwicklungen der Assessment Center-Methode, 2. Auflage, Göttingen 2001

SCHOPPE, S. G., Kompendium der Internationalen BWL, 4. Auflage, München 1998

SCHOPPE, S. G.., Personalwirtschaft (HRM) I und II, Lehrbriefe der FernUniversität Hagen, Hamburg 2008

SCHUHMACHER, F., Strategisches Controlling der Personalentwicklung, in: Schwuchow, K. (Hrsg.), Jahrbuch Weiterbildung 1996, Düsseldorf 1996, S. 168-171

SCHUHMACHER, F./GESCHWILL, R., Der Chef geht in Führung, Der Praxisleitfaden Personalentwicklung für Führungskräfte, Eppelheim 2003

SCHUHMACHER, F./GESCHWILL, R., Employer Branding, Human Resources Management für die Unternehmensführung, Wiesbaden 2009

SCHULER, H. (Hrsg.), Lehrbuch der Personalpsychologie, Göttingen 2001

SCHULER, H., Bewerber aus gutem Hause gesucht, in: Personalwirtschaft, Heft 3/2006, S. 12-16

SCHULER, H. (Hrsg.), Assessment Center zur Potenzialanalyse, Göttingen 2007

SCHULER, H, Spielwiese für Laien? Warum das Assessment Center seinem Ruf nicht mehr gerecht wird, in: Wirtschaftspsychologie, Heft 2/2007, S. 27-30

SCHULER, H./HELL, B./TRAPMANN, S./SCHAAR, H./BORAMIR, I., Interne Personalauswahl und Personalentwicklung in deutschen Unternehmen, in: Wirtschaftspsychologie, Heft 1/2006, S. 22

SCHULER, H./HELL, B./TRAPMANN, S./SCHAAR, H./BORAMIR, I., Die Nutzung psychologischer Verfahren zur externen Personalauswahl in deutschen Unternehmen, in: Zeitschrift für Personalpsychologie, Jg. 6, Heft 2, 2007, S. 60-70

SPRENGER, R. K., Assessment-Center in der Kritik, Frankfurt am Main 2008

STOTZ, W., Employee Relationship Management, München 2007

STREICH, D., Wertorientiertes Personalmanagement, Frankfurt am Main 2006

SÜNDERHAUF, K./STUMPF, S./HOEFT, S., Assessment Center, Duisburg, 2004

TRAUERNICHT, K., Potentialbeurteilung im dynamischen Assessment-Center, Hamburg 2001

VON KEMPSKI, I., Möglichkeiten und Grenzen der Personalauswahl mittels Managementdiagnostik, in: Personal- und Organisationsentwicklung, Jg., 2, Heft 1+2 2008, S. 14-16

ZIMBARDO, P. G./GERRING, R. J., Psychologie, 17. Auflage, München 2008

Stichwortverzeichnis

U

V

Z

Der Autor

Florian Schuhmacher, Diplom-Kaufmann, ist erfahrener Personalmanager. Nach Abschluss seines Studiums 1991 war er in unterschiedlichen personalwirtschaftlichen Funktionen in mittelständisch geprägten Konzernunternehmen der Branchen Energiewirtschaft, Handel, Logistik und Industrielle Fertigung/Anlagenbau tätig.

Seit 2007 ist Florian Schuhmacher selbstständiger Unternehmensberater und Interimsmanager. Seine Schwerpunkte sind die Entwicklung und Einführung strategisch orientierter personalwirtschaftlicher Instrumente zur Entwicklung einer Employer Value Proposition (EVP) sowie die Begleitung von Auswahl- und Potenzialermittlungsverfahren.

2008 erschien sein Buch zum Thema Employer Branding im Gabler Verlag, das er zusammen mit dem Diplom-Psychologen Roland Geschwill verfasst hat.

Kontakt: schuhmacher@shrm-consulting.de